起伏底板的窄机身掘锚一体机关键技术研发及应用

苗继军　李富强　张　强　著

华中科技大学出版社
中国·武汉

内 容 简 介

本书以乌海矿区为代表,以"掘、支、锚、运、探一体式智能化掘进工作面关键技术及成套装备研发"为核心,系统、深入地介绍了基于复杂地质条件(巷道狭窄、底板起伏)的掘进工作面智能化的原理与方法,详细阐述了智能掘进成套装备系统与关键技术。本书共7章,包括概述、乌海矿区地质条件、掘支锚运探一体式智能快掘成套装备、系统设计与动力单元分析、机身姿态及自主截割控制系统研发、掘进工作面粉尘、瓦斯智能监测与治理系统、结论与展望。

图书在版编目(CIP)数据

起伏底板的窄机身掘锚一体机关键技术研发及应用/苗继军,李富强,张强著.—武汉:华中科技大学出版社,2024.4
ISBN 978-7-5772-0509-0

Ⅰ.①起… Ⅱ.①苗… ②李… ③张… Ⅲ.①掘进机械 Ⅳ.①TD42

中国国家版本馆 CIP 数据核字(2024)第 067733 号

起伏底板的窄机身掘锚一体机关键技术研发及应用 　　　　苗继军　李富强　著
Qifu Diban de Zhaijishen Juemao Yitiji Guanjian Jishu Yanfa ji Yingyong 　　张　强

策划编辑:王　勇
责任编辑:李梦阳
封面设计:廖亚萍
责任校对:王亚钦
责任监印:朱　玢
出版发行:华中科技大学出版社(中国·武汉)　　　电话:(027)81321913
　　　　　武汉市东湖新技术开发区华工科技园　　　邮编:430223
录　　排:武汉市洪山区佳年华文印部
印　　刷:武汉市洪林印务有限公司
开　　本:710mm×1000mm　1/16
印　　张:14
字　　数:236千字
版　　次:2024年4月第1版第1次印刷
定　　价:79.80元

前言 PREFACE

煤炭是我国的基础能源。2020 年 12 月 21 日,国务院新闻办公室发布《新时代的中国能源发展》白皮书,指出煤炭仍是我国保障能源供应的基础资源,明确提出推进煤炭安全智能绿色开发利用,努力建设集约、安全、高效、清洁的煤炭工业体系。近年来,我国煤矿智能化技术研发取得了一系列创新成果,初步形成具有我国煤炭资源赋存条件特色的智能化开采格局。煤炭工业智能化是在国家持续颁布政策和推进改革的时代背景下不断发展的——国家发展改革委、国家能源局、应急管理部等联合印发了《关于加快煤矿智能化发展的指导意见》,吹响了我国煤矿智能化建设的号角;"十三五"时期,煤炭工业全面落实能源安全新战略,煤炭工业的智能化步伐持续加快,《能源技术创新"十三五"规划》集中攻关类项目包括"掘支运一体化快速掘进系统";"十四五"时期,煤炭依然是我国能源的基石,煤炭工业仍需要坚定不移地开展智能化煤矿建设。习近平总书记多次指出,我们的国情还是以煤为主,在相当长一段时间内,甚至从长远来讲,还是以煤为主的格局,还要做好煤炭这篇文章。

乌海能源有限责任公司由原煤炭工业部直属乌达矿务局、海勃湾矿务局发展而来,始建于 1958 年。乌海能源有限责任公司有着几代煤矿人永不懈怠、艰苦奋斗的精神血脉,有着 60 多年砥砺奋发、攻坚克难的赓续传承。目前,乌海能源有限责任公司是国家能源投资集团有限责任公司的子公司,是一个集焦煤生产、洗选加工、瓦斯发电为一体的专业化煤炭生产企业,资源主要分布在内蒙古乌海、阿拉善、西鄂尔多斯三个地区,煤炭资源储量为 16.04 亿吨,其中 91% 为炼焦用煤,是特殊稀缺煤种;可采储量为 4.65 亿吨,是内蒙古最大的焦煤生产基地。

智能快速掘进技术满足了煤炭安全高效生产的客观需求,是解决采掘失衡问题的根本途径。几十年来,国内先后采用连续采煤机、掘锚一体机等先进掘进设备进行快速掘进,虽然实现了掘锚平行作业,但仅适用于地质条件较好的煤矿巷道,巷道掘进智能化依然是煤炭安全绿色高效开采的短板。乌海矿区地质构造复杂、煤层瓦斯含量高、安全风险大,在国内外复杂地质条件矿区中极具代表性,现有的快速掘进技术难以适用于乌海矿区巷道掘进作业。根据乌海矿区地质和瓦斯条件,掘锚一体化技术具有以下局限性:掘锚机组宽度大,只能应用于较大断面巷道且只能掘进矩形断面巷道;掘锚一体机体积大,不适用于底板起伏较大的巷道;掘锚一体机对顶板和底板的要求高;通风除尘工艺不适用于瓦斯矿井;掘锚一体化成套装备无法实现全工作面设备的整体智能化。因此,迫切需要研发适应复杂地质条件、灾害严重环境的智能快速掘进技术和装备,同时还要考虑技术的可复制性和可推广性。

乌海能源有限责任公司始终胸怀"国之大者",立足"双碳"背景,以智能煤矿、绿色矿山建设推动企业转型升级。本书全面总结了乌海能源有限责任公司在复杂地质构造和高瓦斯赋存条件下的智能快掘系统理论和成套技术体系的研发经验。一是创新提出了成套设备功能模块化设计,将作业平台、机载电控单元、液压动力单元等按照乌海矿区地质条件进行分离布置并完成系统控制;二是突破了掘支锚运作业平台、桥式转载系统、迈步式自移机尾和动力单元的多机协同控制技术难题,实现了截割、支护、锚护、运输、物探、钻探、运维等模块的联动;三是实现了智能锚护作业,能够与截割作业同步,而且解决了现场作业中锚杆自动确定施工位置的难题;四是创新发展了一系列智能掘进保障技术,包括掘进工作面自主截割技术、智能环境监测与治理技术、掘进导航技术、智能支护技术和可视化远程集中控制技术。

乌海能源有限责任公司依托新工艺装备实现"掘、支、锚、运、探"一体化智能快速掘进,乘着煤炭科技创新的东风,智能快速掘进装备建设正加速朝着更安全、更快速、更智能的方向蓬勃发展。乌海能源有限责任公司"掘、支、锚、运、探一体式智能化掘进工作面关键技术及成套装备研发"项目被确定为国家矿山安全监察局矿山安全生产科研攻关第一批煤矿项目。同时,特别感谢国家自然科学基金重点项目"刮板输送机永磁串联驱动输送机理及多智能体系统自主调控机制"(52234005),国家重点研发计划课题"掘进工作面高精度智能感知与数字孪生系统研究"(2020YFB1314001)、"面向冲击地压矿井防冲钻孔机器人"子课题2"钻进系统运行状态监测与全自主运行控制"(2020YFB1314202),国家自然科学基金面上项目"低照度环境下多路卷积神经网络的煤岩界面多光谱识别"(52174144)、"坚硬煤层高压注水预裂与截割协同开采及过程调控研究"

（52174120）、"采煤机煤岩界面多传感融合的偏好动态识别研究"（5177041303），国家自然科学基金联合基金项目"基于雷达预探与截割反馈的采煤机煤岩界面精细化建模方法研究"（U1810119），国家自然科学基金青年科学基金项目"基于振动/声发射多源特性分析与深度融合的截齿状态识别"（51804151），以及山东省泰山学者培养资助项目（tsq201909113）对本书相关研究的支持。

　　本书由苗继军、李富强、张强主笔并负责统稿和定稿。其中，张廷寿、董海清参与第1章、第2章的编写，栾亨宣、袁永年参与第3章的编写，胡树伟、李明星参与第4章的编写，顾颉颖、赵红斌、周锋参与第5章的编写，孙杰、范春永、孙瑞江参与第6章的编写，在此对他们表示感谢！本书的编写得益于作者长期在矿山采掘装备及智能化领域的研究工作，并参考了国内外大量文献资料。在此，向本书所引用的参考文献的原作者表示谢意。

　　由于作者水平有限，书中难免存在不足之处，恳请读者批评指正。

作　者
2024年1月

目录
CONTENTS

第1章
概述

1.1 乌海能源有限责任公司基本情况

国家能源集团乌海能源有限责任公司(以下简称乌海能源有限责任公司)是国家能源投资集团有限责任公司(简称国家能源集团)的子公司,位于内蒙古乌海市,是一个集焦煤生产、洗选加工、瓦斯发电为一体的专业化煤炭生产企业,资源主要分布在内蒙古乌海、阿拉善、西鄂尔多斯三个地区,主要矿区分布于黄河以西的贺兰山煤田和黄河以东的桌子山煤田,煤炭资源储量为16.04亿吨,其中91%为炼焦用煤,是特殊稀缺煤种;可采储量为4.65亿吨,以肥煤、焦煤、1/3焦煤为主,是内蒙古最大的焦煤生产基地。乌海能源有限责任公司始建于1958年,由原煤炭工业部直属乌达矿务局、海勃湾矿务局发展而来;1998年,上述两局划归神华集团有限责任公司,更名为神华集团乌达矿业公司和神华集团海勃湾矿业公司;2008年,上述两公司与神华乌海煤焦化公司、神华蒙西煤化公司重组整合为神华乌海能源公司;2016年12月将焦化产业剥离划归国家能源集团煤焦化公司。2017年11月国家能源集团重组成立,2019年3月神华乌海能源有限责任公司经乌海市工商管理质量技术监督局核准,名称变更为国家能源集团乌海能源有限责任公司。乌海能源有限责任公司组织机构如图1-1-1所示。

乌海能源有限责任公司始终奉行"五个提升"原则。

党建引领能力提升。坚持党的领导、加强党的建设,是国有企业的"根"和"魂"。坚持以"四强化六提升"为抓手,以"创新、融合、保障"为目标,准确把握党建工作新要求,通过强化政治引领、规范组织建设、创新工作手段、提升组织

图 1-1-1　乌海能源有限责任公司组织机构

能力等方式,大力推进党建工作与中心工作深度融合,切实把党的政治优势、组织优势转换为企业的发展优势和竞争优势,以一流党建引领能力为企业生产经营、安全稳定和改革发展提供坚强的政治保障。

　　安全环保水平提升。安全是企业生存与发展的基石。以"安全、健康、绿色"为发展目标,完善落实"18310"安全环保管理体系。通过完善"一体化防控、常态化管控、精细化监控"的"三大机制",树牢"红线高于一切、法规大于一切、责任重于一切、预控先于一切、投入优于一切、管理严于一切、检查细于一切、诚信胜于一切"的"八个理念",落实"党建、资源、制度、系统、装备、基础、科技、信息、应急、文化"这"十大保障工程",致力实现"安全零死亡、环保零事件、职业病零增长"。

产业发展水平提升。煤炭产业是公司健康持续发展的根本,着力解决采掘装备落后,生产系统复杂,资源接续紧张,灾害威胁严重,智能化、信息化程度较低等一系列制约产业发展的瓶颈问题,是实现高质量发展的关键所在。坚持以"减人、增量、保安"为目标,推进资源获取,优化产业布局,夯实管理基础,提升装备水平,优化生产系统,创新生产工艺,生产优质产品,实现智能引领,健全保障体系,强化劳动组织,加强技能培训,组建专业队伍,让科学管理、尖端装备、先进工艺、高新技术成为产业升级、减人提效、安全生产的核心手段。

经营管理水平提升。推进质量变革、效率变革、动力变革,是适应高质量发展要求、建设具有全球竞争力的世界一流能源集团的重要手段。以"规范、降本、提效"为目标,规范治理架构,完善管理体系,优化管理流程,推行授权管理,突出价值导向,实现资源共享,盘活存量资产,降低运营成本,提升整体效率,优化岗位设置,努力构建系统完备、科学规范、运行有效的组织体系、制度体系、工作机制,形成流程畅、机制活、效率高的管理体系。以大数据、信息化、智能化为依托,构建综合数据管理平台,实现各类数据互联互通、实时共享,切实提高企业运作效率,降低企业运营成本。

员工幸福指数提升。以"幸福、成长、和谐"为目标,树立"以职工为中心"的发展理念,按照"尽力而为、量力而行"的原则,从物质和精神两个层面不断提升员工幸福指数。尊重员工主体地位,完善民主管理制度,健全帮扶救助机制,落实福利保障政策,逐步提升薪酬待遇,扩大医疗互助范围,改善职工工作环境,切实解决员工最关心最直接的问题。尊重知识、尊重人才,加强管理、科技、技能三支人才队伍建设,打造高素质人才队伍。加强正确价值引领,塑造共同价值取向,加大人文关怀力度,大力弘扬劳模精神,提高员工集体荣誉感,持续增强员工对企业的情感认同、思想认同和价值认同,全方位、多角度提升员工的幸福感、获得感、安全感和归属感。

"五个提升"密切关联、相互促进、有机统一。党建引领能力提升是方向、是保障,安全环保水平提升是基础、是前提,产业发展水平提升是核心、是关键,经营管理水平提升是路径、是方法,员工幸福指数提升是初心、是使命,是一切工作的出发点和落脚点。"五个提升"是一项长期系统的工程,其将作为公司的核心管理理念贯穿于"十四五"规划期。

1.2 掘进装备研制发展概况

1.2.1 掘进装备发展概述

掘进机是截割、装载、转载煤岩,并能自己行走,具有喷雾降尘等功能,以机械方式破落煤岩的掘进设备,有的掘进机还具有支护功能。掘进机主要由行走机构、工作机构、装运机构和转载机构组成。随着行走机构向前推进,工作机构中的切割头不断破碎岩石,并将碎岩运走。掘进机掘进与钻爆法掘进相比具有许多优点:掘进速度高,成本低,围岩不易被破坏,利于支护,冒顶和瓦斯突出减少,超挖量减少,劳动条件改善,生产的安全性提高。

根据所掘断面的形状,可将掘进机分为全断面掘进机和部分断面掘进机。全断面掘进机适用于直径为 2.5~10 m 的全岩巷道、岩石单轴抗压强度为 50~350 MPa 的硬岩巷道,可一次截割出所需断面,且断面形状多为圆形,主要用于工程涵洞及隧道的岩石掘进。部分断面掘进机一般适用于单轴抗压强度小于 60 MPa 的煤巷、煤岩巷、软岩水平巷道,但大功率掘进机也可用于单轴抗压强度达 200 MPa 的硬岩巷道。部分断面掘进机一次仅能截割一部分断面,需要工作机构多次摆动、逐次截割才能掘出所需断面,断面形状可以是矩形、梯形、拱形等多种形状。部分断面掘进机截割工作机构的刀具作用在巷道局部断面上,靠截割工作机构的摆动依次破落所掘进断面的煤岩,从而掘出所需的断面形状,实现整个断面的掘进。部分断面掘进机按工作机构可分为冲击式掘进机、连续式掘进机、圆盘滚刀式掘进机、悬臂式掘进机 4 种。

我国煤巷高效掘进方式中最主要的方式是悬臂式掘进机与单体锚杆钻机配套作业,其也称为煤巷综合机械化掘进,在我国国有重点煤矿得到了广泛应用。

国内目前岩巷施工仍以钻爆法为主,将重型悬臂式掘进机用于大断面岩巷的掘进在我国尚处于试验阶段,但国内煤炭生产逐步朝着高产、高效、安全的方向发展,煤矿技术设备正在朝着重型化、大型化、强力化、大功率和机电一体化的方向发展。中煤新集能源股份有限公司、新汶矿业集团有限责任公司和淮南矿业(集团)有限责任公司等企业先后引进了德国 WAV300 型、奥地利 AHM105 型、英国 MK3 型重型悬臂式掘进机。全岩巷重型悬臂式掘进机代表了今后岩巷掘进技术的发展方向。

虽然 2006 年三一重型装备有限公司自主研发出国内第一台 EBZ200H 型硬岩掘进机,但国产重型掘进机与国外先进设备相比除总体性能参数偏低外,在基础研究方面也比较薄弱,适合我国煤矿地质条件的截割、装运及行走部件载荷谱没有建立,没有完整的设计理论依据,在计算机动态仿真等方面还处于空白;在元部件可靠性、控制技术、截割方式、除尘系统等核心技术方面有较大差距。

1.2.2　悬臂式掘进机发展现状

20 世纪 80 年代以来,国外对悬臂式掘进机自动掘进技术进行了研究,主要涉及状态监测、故障诊断、通信技术、截割轨迹规划等。其中德国、英国及奥地利等国家在悬臂式掘进机自动掘进技术上率先取得成效。德国研制了掘进机成形轮廓及设备运行状况监测系统,开发了手动、半自动、自动及程序控制 4 种操作模式,截割头位置与断面的关系均能显示在工作台显示屏上。英国专为巷道掘进机研制了本安型计算机断面控制系统;通过在重型掘进机上配备一种截割头定位装置,实现了精确的断面制导、断面截割状态显示等功能。

2007 年,山西潞安矿业(集团)有限责任公司王庄煤矿联合中国矿业大学、IMM 国际煤机集团佳木斯煤矿机械有限公司、约翰芬雷工程技术(北京)有限公司、山西潞安环保能源开发股份有限公司等共同研发了以悬臂式掘进机为主体的自动化掘进成套装备。该套装备采用 EBZ-150 型自动化掘进机(见图 1-2-1)、S4200 型前配套钻臂系统,同时配备了 DSJ-80 型可伸缩带式输送机及软启动智能综合保护装置,结合自主研发的矿用掘进湿式离心风幕除尘系统和 KTC101 型设备集中控制装置等,将掘进速度提高了 2 倍。

2012 年,同煤大唐塔山煤矿有限公司采用综掘工艺,锚杆钻车暂停于掘进机后方侧帮处,掘进机完成一次割煤循环作业后,后退贴帮停放,锚杆钻车行驶到掘进工作面开始锚杆支护作业,实现了掘锚交叉综掘作业,有效地解决了塔山煤矿快速掘进难题,提高了巷道掘进速度。

图 1-2-1　EBZ-150 型自动化掘进机

1.2.3　连续采煤机发展现状

连续采煤机普遍应用于美国、德国和英国等国家的短壁开采工艺,其发展经历了以下 3 个阶段:第 1 个阶段为 20 世纪 40 年代的截链式连续采煤机,分别以 3JCM、CM28H 型为代表,结构设计复杂、装煤效果差;第 2 个阶段为 20 世纪 50 年代的摆动式截割头连续采煤机,以 8CM 型为代表,其生产能力显著提高、装煤效果好,但可靠性问题较为突出;第 3 个阶段为 20 世纪 60 年代至今的滚筒式连续采煤机,以 10CM、11CM 系列的连续采煤机为代表,后续又研发了 12CM 和 14CM 系列的连续采煤机。

连续采煤机在我国高产高效矿井已得到广泛应用,主要集中在国能神东煤炭集团有限责任公司、陕西煤业化工集团有限责任公司等大型煤炭基地。最初我国的连续采煤机几乎全部依赖进口,2007 年 11 月,中车永济电机有限公司首次研制出 3 种国产矿用隔爆型水冷电机,实现了连续采煤机滚筒截割电机的替代。近年来,石家庄煤矿机械有限责任公司研发了 ML300/492 型连续采煤机,三一重型装备有限公司研发了 ML340 型、ML360 型连续采煤机,中国煤炭科工集团太原研究院有限公司研发了 EML340 型连续采煤机,但由于可靠性、稳定性等多方面的问题,国产连续采煤机未能广泛推广应用。

连续采煤机采用远程遥控操作并广泛采用自适应截割技术,根据不同工况自动调整推进速度。加强与成套设备间的协同控制和智能安全防护功能,是连续采煤机快掘装备的发展方向。

2005 年,上湾煤矿采用"Y12CM15-10DVG 型连续采煤机＋LAD818 运煤车＋ARO 四臂锚杆机＋UN-488 型铲车"对工作面巷道进行掘进,创造了大断面巷道双巷掘进月进尺 3070 m 纪录。

2009 年,大柳塔煤矿 12613 运输巷采用"连续采煤机＋梭车＋四臂锚杆机＋锚索机"配套模式,掘进速度达到 16.5 m/d,掘进巷道的工程质量合格率达到 89%,有效减少了冒顶事故,为综采工作面接续创造了条件。

2012 年,乌兰木伦煤矿 61401 和 61402 运输巷采用连续采煤机-梭车工艺系统,将工作面最大控顶距由 12.5 m 提高到 13.5 m,循环进尺由 11 m 提高到 12 m,月进尺可达到 2000 m 以上。

2014 年,补连塔煤矿开切眼选择连续采煤机、梭车、锚杆机、连运一号车作为掘进系统,采用二次成巷技术及"控水＋顶帮联合支护＋释压＋混凝土底板"的方式治理底鼓,解决了复杂条件下大断面开切眼的支护难题。此外,石圪台煤矿和大柳塔煤矿对大断面煤巷一次成巷快速掘进的巷道锚杆、锚索支护参数进行了优化设计,实现了大断面煤巷月进尺 1800 m、单日进尺 80.3 m。

2015 年,金鸡滩煤矿采用连续采煤机成套装备(包括国产 EML340 型连续采煤机(见图 1-2-2)、CMM4-25 型锚杆钻机、SC15/182 型梭车、GP460 型破碎转载机、CLX3 型防爆胶轮铲车)进行掘进,通过对梭车卷缆滚筒转动速度等进行优化,实现了月进尺 1811 m。隆德煤矿采用连续采煤机、10SC32-48B-5 型梭车及 CMM4-20 型锚杆机,采用 3 条巷道同时掘进,缩短支护作业影响时间,正常情况下 3 条巷道同时掘进日进尺约 40 m,月进尺约 1200 m。

1.2.4　掘锚机发展现状

掘锚机的发展历程主要分为 3 个阶段。

(1) 1955 年,第一代掘锚机组在 ICM-2B 型连续采煤机基础上加装了 2 台锚杆钻机,掘、锚工序不能同时作业。

(2) 1988 年,在 12CM20 掘锚机基础上,将截割滚筒加宽到使滚筒两端能够伸缩以便于机组进退,并在机身的滚筒后安装了 2 台帮锚杆钻机和 4 台顶板

图 1-2-2　EML340 型连续采煤机

锚杆钻机,6 台锚杆钻机能有效地提高巷道锚杆支护速度,但仍无法实现掘锚平行作业。

(3) 20 世纪 90 年代至今,ABM20 型掘锚机被开发。该机型的主、副机架可以滑动,从而实现掘锚平行作业,同期 12SCM30、2048HP/MD、E230、MB650 和 MB670 等机型也成功被研制并得到应用。其中 MB670-1 型是在原有产品传统优势的基础上升级的一代产品,集掘进、锚护为一体,实现了截割、装载、支护同步平行作业,一次成巷。

掘锚机的国产化工作始于 2003 年,中国煤炭科工集团有限公司完成了 MLE250/500 型掘锚机样机的试制及初步试验工作。近年来,中国煤炭科工集团太原研究院有限公司研制了 JM340 型掘锚机,该型掘锚机具有大功率的宽截割滚筒、独特的喷雾系统和较低的接地比压等特点,能够实现割煤和打锚杆的平行作业,已在阳泉煤业(集团)有限责任公司二矿成功应用。山东天河科技股份有限公司研发了天河 EBZ 系列掘锚机,其适用于大断面、半煤岩巷以及岩巷的掘进,钻锚作业时工人始终在临时支护下方的作业平台上作业,大大降低了冒顶、片帮等安全事故的发生概率。辽宁通用重型机械股份有限公司研制的 KSZ-2800 型掘锚神盾掘进机(见图 1-2-3)借鉴了盾构技术,集机、光、电、气、液、传感、信息技术于一体,具有自动化程度高、高效、安全、环保、经济等优点。

中国铁建重工集团股份有限公司研发了 JM4200 系列煤矿巷道掘锚机,其集快速掘进、护盾防护、超前钻探与疏放、同步锚护、智能导向、封闭除尘、智能检测、故障诊断等功能于一体,可实现巷道快速同步掘锚支护。

图 1-2-3 KSZ-2800 型掘锚神盾掘进机

目前,国内外已有 10 多家厂商正在开展掘锚机组的研制工作,已开发出 30 余种机型。应用实践证明,掘锚一体化应用效果与使用条件紧密相关。

2005 年,补连塔煤矿采用 12CM15-15DDVG 型掘锚机,而后配套 LY2000/980-10C 连续运输系统,利用激光指向仪对巷道进行掘进调直,实现了平均月掘进 800 m 的单巷掘进水平。

2014 年,大柳塔煤矿采用掘锚机、十臂跨骑式锚杆钻车、自适应带式转载机、迈步式自移机尾、履带式自移机尾、两臂式锚杆钻车的配套方式,进行掘进工艺的优化,解决了新系统锚杆钻车前端空顶、运输系统堵塞、通风除尘效果差等问题,大大减少了移动设备数量,提高了作业区域的安全水平,并显著提高了单巷掘进效率,实现了月最高进尺 1500 m、日最高进尺 68 m。

2018 年,补连塔煤矿采用 2 台掘锚机双巷平行掘进模式,解决了 1 台掘锚机单巷掘进时的双巷接续困难等问题,2 台掘锚机共用 1 部带式输送机进行双巷平行掘进,实现了生产进尺的最大化和作业人员的最少化,每月可完成进尺 1080 m 以上。

1.3 掘进工艺发展及方法概况

1.3.1 巷道掘进工艺发展方向

煤炭开采,掘进先行。随着我国煤矿开采强度与范围的显著增大,以及巷道掘进技术的发展,巷道的适应性也在不断提升,巷道布置方式、断面形状、支护方式开始朝着以下方向发展。

1. 岩巷向煤巷发展

传统的巷道布置方式是将大巷、采区准备巷道等服务年限较长的巷道布置在岩石中。虽然围岩稳定有利于巷道维护,但是带来一系列问题:巷道掘进成本高,施工速度慢,施工工期长,掘进效率低。随着岩石巷道的增多,掘进中大量的矸石需要排出矿井,给生产矿井的辅助运输造成极大压力。煤、矸两个运输系统的分离,给生产矿井的生产组织带来较大的困难。随着巷道支护技术的发展,岩巷布置已逐步转向煤巷布置,现代化矿井中岩巷所占的比例已经很小。尽可能多地采用煤巷布置方式,虽然增加了巷道支护难度,但带来很多好处:显著降低了巷道掘进费用,显著提高了施工速度,缩短了矿井建设周期,巷道掘进成巷并产出煤,提高了经济效益。岩巷向煤巷发展是煤矿设计的选择方向,更是大多数矿井提高经济效益的重要手段。

2. 岩石顶板煤巷向煤层顶板巷道和全煤巷道发展

综采一次采全高工作面的回采巷道大多采用沿煤层底板掘进、巷道留煤顶布置。随着综采技术的大面积推广应用,煤层顶板巷道所占的比重逐年增加。一般情况下,煤层相较于岩石松软、易破碎,显著增加了巷道的支护难度。此外,对于特厚煤层和急倾斜厚煤层水平分层开采等条件,不仅巷道顶板与两帮为煤层,有时底板也是煤层,属全煤巷道,支护难度进一步增加。厚及中厚煤层的巷道布置,多采用煤层顶板及全煤巷道。岩石顶板煤巷向煤层顶板巷道和全煤巷道发展,降低了巷道的维护费用,提高了围岩的稳定性。

3. 巷道拱形断面向矩形断面发展

拱形断面虽然能够改善巷道受力状态,有利于巷道支护,但是拱形巷道施工工艺比较复杂,对掘进设备的施工工艺要求较高,成巷速度慢,成巷质量难以保证,有时还需要破坏顶板,目前尚无较好的适于煤矿作业的掘进设备。对于回采巷道,拱形断面给采煤工作面端头支护造成很大困难,加强采煤工作面端头支护是工作面安全生产的一项重要手段,显然采用拱形断面将阻碍工作面的正常推进。对于采用锚杆、锚索支护的矩形巷道,矩形断面的支护可靠性已获得保证,且拱形巷道存在的缺陷基本被克服,因此,巷道拱形断面向矩形断面发展将有利于采煤工作面巷道的快速推进。

4. 巷道从小断面向大断面发展

基于煤矿"资源整合、关小建大、能力置换、联合改造、淘汰落后、优化结构"的发展思路,矿井采掘工作面设备逐渐大型化,开采强度与产量大幅提高,为了保证正常的采掘工作,保证运输、通风、设备安装及行人安全,要求的巷道断面正在逐步增大。巷道断面的增大适应了矿井发展的需要,为矿井机械化程度的提高创造了条件。煤层大巷的跨度已经超过 $4\sim 6$ m,断面面积超过 20 m^2,有的矿井回采巷道宽度已达 $5\sim 6$ m,断面面积达到 $15\sim 25$ m^2。在一些特大型矿井中,开切眼跨度已超过 9 m,断面面积已超过 30 m^2。巷道断面的增大显著增加了支护难度。

5. 单巷布置向多巷布置发展

单巷布置使得系统功能弱、矿井的抗风险能力小、安全系数低、满足矿井可靠安全生产的保障能力差。采煤工作面开采强度和产量越来越大,要求的运输、通风断面逐年增大。多巷布置提高了生产系统的可靠性,特别是高瓦斯矿井,往往单巷布置不能满足生产要求。例如,晋能控股煤业集团寺河矿工作面采用"三进两回"的五巷布置方式。多巷布置带来了煤柱留设问题,资源损失增大,巷道受到二次甚至多次采动影响,增加了巷道维护工作量,巷道维护费用高,采区巷道复用难度大。

6. 巷道埋深从浅部向深部发展

由于长期的开采,我国浅部煤炭资源日益枯竭。在我国已探明的煤炭资源中,埋深在 1000 m 以下资源量占 53%。根据我国目前资源的开采状况,我国煤矿立井的深度在 20 世纪 50 年代平均不到 200 m,而在 20 世纪 90 年代平均已达 600 m,相当于平均每年以 10 m 速度向深部发展。新汶、淄博、开滦、南票等矿区的开采深度已超过 1000 m。随着煤炭开采深度的增加,矿井建设的难度也逐渐加大,带来一系列高地应力巷道支护难题,如冲击地压、围岩大变形、强烈底鼓等浅部巷道没有的新问题,巷道支护难度加大,矿井自然灾害增加。

7. 巷道支护由被动支护向主动支护的方向发展

巷道支护由被动支护向主动支护的方向发展,被动支护大体上有木支架、金属支架、石材整体支架等形式,这些支护形式对围岩均未形成一定预支撑力,只有当围岩变形或压力增大时,才能起到支撑作用。20 世纪 80 年代初,煤巷支护中推广使用由锚杆支护、金属网、钢带等组成的联合支护,即锚网支护。在锚杆的作用下,围岩既是外载来源,也是支护结构,这发挥了围岩的自承作用,减少了支护结构材料的使用。近年来,随着对锚杆支护理论研究的不断深入,各种锚杆支护方式不断提出和完善,锚杆(锚索)与梁网组合支护形式已得到广泛运用。支护材料与围岩一体化主动支撑体系得到广泛运用和发展,成为煤矿支护的主流。

8. 巷道由简单地质条件向复杂地质条件发展

我国具有复杂地质条件的矿井分布十分广泛。北起黑龙江、内蒙古,南到广东、广西,东起山东、浙江,西到新疆、青海,具有复杂地质条件的矿井遍布全国各主要产煤省区,近半数的煤矿集团拥有复杂地质条件矿井。随着我国煤田开采及矿井开采深度(简称采深)的增加,复杂地质条件矿井的数量和分布范围将会继续增大。复杂地质条件巷道围岩稳定性差,围岩变形和破坏强烈,巷道维护十分困难。有的复杂地质条件矿井每米巷道的掘进工程费用已高达 1 万～2 万元,严重影响了煤矿的正常生产和经济效益。

9. 巷道向满足高地压和多次动压的方向发展

随着煤矿开采深度的增加,地应力在逐步增大。矿井开采力度的加大和上覆地层的高强度移动变形,形成较大的动压,对巷道的破坏较大。有关锚杆支护设计的研究也在朝着该方向发展。

从煤矿巷道工程发展的方向来看,研究巷道掘进工程非常重要。对于一个矿井,煤巷工程量要占矿井总工程量的 75%～85%。在生产矿井的巷道总工程量中,煤巷工程量占总工程量的 90% 以上。减少岩巷工程,尽可能多掘煤巷,是提高矿井经济效益的一项重要工作。为此,研究和探索煤巷快速掘进装备和技术,是生产矿井的一项主要任务。目前煤巷掘进破岩方式主要有钻爆法和掘进机掘进法两种,钻爆法适应性强,但施工工序多、劳动强度大、掘进效率低。而掘进机掘进法机械化程度高、劳动强度低、效率高,但适应性差,仅适用于煤巷施工。当前,我国大中型矿井采用掘进机施工的煤巷工程量占总工程量的85%以上。掘进机掘进技术以快速、高效、安全等特点,成为煤巷掘进的主流技术。

10. 岩巷掘进技术发展趋势

岩巷掘进技术仍然会在钻爆法和综合机械化掘进两个方向持续改进和发展。全岩巷掘进机是岩巷掘进技术的一个发展分支。由于硬岩层的硬度大($f \geqslant 8$),内部结构致密,全岩巷掘进机朝着大截割功率、大吨位、高智能的方向发展。国内各厂家经过不断创新和改进,一大批大截割功率的全岩巷掘进机已投入工业性试验。

1.3.2 掘进施工工艺技术现状

1. 悬臂式掘进机施工工艺

迎头掘进机进尺前,驾驶人员必须做好掘进机开机前的检查和准备工作。截割前打开掘进机内、外喷雾系统和启动负压除尘风机,将正压风筒在距迎头20 m处断开,使正压通风和负压抽风在除尘风机吸风口风筒前形成一道风墙,抑制粉尘向巷道方向扩散。抽出式吸风口风筒必须固定牢靠,风筒钢丝不变形,吸风口在距迎头3~4 m处,确保高浓度粉尘到不了驾驶人员操作位置。当迎头进行锚网支护时,先暂停除尘风机,把正压风筒从断开处接好,恢复正常通风。工作面迎头断面截割成型后,施工人员将对留有矸石的迎头进行敲帮问顶,然后进行初喷作业用于临时支护;临时支护完成后再进行第一次锚杆支护。顶板支护采用两台锚杆机打顶锚杆眼,顶板支护完毕后,将迎头及两帮矸石出完,然后用风钻打眼进行两帮支护。待上述工作全部完成,则进入下一循环掘进。

2. 连续采煤机施工工艺

连续采煤机采煤工艺系统按运煤方式的不同分为两种:① 连续采煤机-梭车-转载破碎机-带式输送机工艺系统;② 连续采煤机-桥式转载机-万向接长机-带式输送机工艺系统。前者是间断运输工艺系统,后者是连续运输工艺系统。

由于前者主要适用于中厚煤层,而后者主要适用于薄煤层。工作面设备配置为连续采煤机、运煤车或梭车、破碎机、锚杆钻车、铲车及带式输送机。铲车主要用来清理底板浮煤、扫清道路以保障连续采煤机、梭车和锚杆机畅通无阻,也可作为盘区内的运料车。

1)开切口

连续采煤机主要功能是落煤和装煤。在每次掘进巷道前,将连续采煤机调整到巷道前进方向的左侧,并以激光线确定位置,开始向正前方煤壁逐步切割直至切入合适的深度(一个循环),这一工序称为开切口工序。

2)采垛

开切口完成后,调整连续采煤机到巷道前进方向的右侧,用帮部激光线定位,开始截割巷道宽度方向的剩余部分,这一工序称为采垛工序。

3)截割循环

当连续采煤机截割时,首先将连续采煤机截割头调整至巷道顶板,即升刀;扫去上一刀预留的 200 mm 左右煤皮,即扫顶;将截割头降低 200 mm 左右向前切入煤体 1 m,即进刀;调整截割头向下截割煤体,直至巷道底板,即割煤;割完底煤,使巷道底板平整,并装完余煤,即挖底;将连续采煤机截割头调整至巷道顶板,接着进行下一个循环。连续采煤机截割头从顶板至底板再到顶板的这一过程称为一个截割循环。在每一个截割循环工作面向前推进约 1 m。

4)装煤

利用连续采煤机的装载机构、运输机构来完成装煤工序。连续采煤机上设有装载机构(装煤铲板和圆盘耙杆装载机构)和中部输送机。连续采煤机割煤时,煤会落在装煤铲板上,同时圆盘耙杆连续运转,将煤装入中部输送机,中部输送机再将煤装入在后面等待的梭车。工作面运煤由梭车来完成。梭车往返于连续采煤机和给料破碎机之间,将连续采煤机割下的煤运至给料破碎机,再由工作面运输巷的带式输送机将煤运出掘进工作面。

5)支护

锚杆机在连续采煤机掘进后形成的空顶区内进行支护,支护从外向里逐排进行。在支护刚掘进完的巷道之前,装载机构清理完空顶以外巷道浮煤后,锚杆机进行支护。

3. 掘锚机施工工艺

自移式支锚联合机组主要由掘进机、超前支架、支架搬运车、锚固装置、转载机、带式输送机组成。临时支护机安装于截割部上部,锚杆机工作前,临时支护机先对顶板进行临时支护,使得锚杆机工作时的安全性大大提高。锚杆机利用截割部的升降、摆动及锚杆机自身功能,完成巷道锚杆的锚装工作。掘锚机具有前后伸缩、升降调整、自身旋转等功能。掘进机工作时,锚杆机收缩折叠,最大限度地缩小锚杆机的空间尺寸。工作时临时支护机对顶板进行及时有力的支撑,掘进机每次进尺可以增加,顶板最大空顶距也可以增大,最重要的是锚杆与支护操作的安全性得到了可靠保障。

掘锚机施工工艺如下:交接班→安全检查(探头位置、工程质量、瓦斯、两帮、顶板、底板等)→切割(出煤)→安全检查(探头位置、工程质量、瓦斯、两帮、顶板、底板等)→顶板、帮部永久支护→修整底板→进入下一循环。

1.3.3 掘进工艺的综合评价

煤巷掘进工艺的综合分析比较见表1-3-1。

表1-3-1 煤巷掘进工艺的综合分析比较

类别	普掘	综掘	连采	掘锚一体化	第一代连掘	第二代连掘
适用断面形状	矩形、拱形	矩形、拱形	矩形	矩形	矩形、拱形	矩形、拱形
适用性(围岩)	较强	强	很差	很差	较强	强
作业方式	掘支单行	掘支单行	掘支单行、多巷平行	掘支单行、掘支平行	掘支单行、多巷平行	单巷单行、多巷平行
破煤方式	爆破	机掘	机掘	机掘	机掘	机掘
装煤	人工、半机械化	机械化	机械化	机械化	机械化	机械化
循环最大距离/m	2.5	3	15	3	12	6
巷道长度/m	<1000	<1000	>5000	<1000	>5000	>5000
施工工序	复杂	较简单	简单	较简单	较简单	简单
辅助时间	最长	长	短	最短	较长	短
作业环境	差	较差	好	较差	好	好

类别	普掘	综掘	连采	掘锚一体化	第一代连掘	第二代连掘
劳动强度	大	较大	小	小	小	最小
掘进进尺/m	<100	<400	1200	400	600～900	850
通风	困难	困难	好	困难	好	好
投资/万元	800	1000	8000	5000	1000	1000
装机总功率/kW	<30	150～300	450～650	400～300	150～300	150～300
安全性	差	较差	好	好	好	好

通过以上综合分析比较,可知连掘工艺具有以下优势。

1. 与普掘、综掘作业线相比

(1) 掘进、装载的机械化程度大大提高,掘进进尺增加1～2倍。

(2) 能够形成双巷间的掘、支平行作业。

(3) 支护速度快,液压钻臂施工比风动钻机施工的速度快,再加上一台锚杆钻车有2～4个钻臂,施工时间一般是风动钻机的 $\frac{1}{8}$ ～ $\frac{1}{6}$,占用时间最长的支护工序得到了简化。

(4) 多巷掘进工序简单,生产组织简单,干扰少。

(5) 一次施工距离长,有利于大中型矿井的快速掘进。

(6) 支护、主运及辅运等工序实现了机械化,辅助工序占用时间明显缩短,劳动强度大大降低,作业环境大大改善。

(7) 合理的多巷布置形式改善了通风系统和作业环境,作业地点的安全系数大大提高。

(8) 虽然在投资方面略高于普掘和综掘,但掘进工效的提高、作业环境的改善、矿井采掘衔接的平衡等效益要远远超过投资费用的价值。

2. 与连采、掘锚一体化作业线相比

(1) 适应性强。较轻的机身和较小的对地比压适应了煤层地质条件。锚杆钻车尺寸小,灵活机动,适应了破碎松软顶板条件。

(2) 投资低。一套连采、掘锚一体化设备投资分别是连掘设备投资的8倍、3倍。

（3）掘进机、锚杆钻车、带式输送机等设备体积相对较小，灵活机动，适应性强，必将成为我国煤矿掘进主导产品。

（4）总装机功率仅为掘锚一体机和连采机的 $\frac{1}{2}$。在煤层巷道的掘进中，采用适宜的掘进功率截割，有利于能耗的降低，适应了当前低碳开采的发展。

（5）虽然在掘进进尺方面比连采略低，但国产设备价格低，配件价格低且数量充足，对生产影响小，能够满足大型矿井的生产需要。

1.4 智能快掘系统关键技术概况

1.4.1 掘进机智能化技术

1. 掘进机位姿检测与导航技术

巷道是截割断面累积形成的，巷道的质量指标不仅包括巷道走向位置偏差，还包括断面的轮廓形状。巷道形状取决于截割头的空间位姿，最终由掘进机机身的位姿参数以及截割臂的运动参数决定。其中掘进机位姿的实时检测最为关键，在此基础上才能实现掘进机截割头精准定位、截割轨迹自主规划，从而实现掘进智能化。掘进机位姿是指掘进机位置和机身在空间的姿态角等。通过传感器组获得与掘进机位置和机身姿态相关的原始数据，对这些数据进行处理可获得掘进机位姿参数。

掘进机位姿检测与导航技术同移动机器人导航技术有很大不同。掘进机工作环境恶劣，地磁干扰严重、煤尘浓度高和高温湿热等因素限制了常规导航技术的应用。20世纪末期以来，高新技术不断被应用到巷道掘进领域，掘进机智能化水平不断提高，一些新型的掘进机具备了感知掘进方向和距离的功能。

2. 掘进机断面成形自动控制技术

巷道的断面成形质量和成形精度对后期的巷道维护，综掘、综采装备的智能化、自动化控制具有重要的影响，而巷道的成形精度又是由掘进机的运动精度所决定的。在复杂的巷道工作环境中，掘进机运动控制的特殊性体现在以下几点。第一，巷道是截割断面累积形成的，巷道的断面成形质量取决于截割头在空间的位姿，最终由掘进机机身的位姿参数以及截割臂的运动参数决定，所以掘进机的运动控制不仅是平面定位,也是空间的位置与姿态控制。第二,在一个作业循环内,掘进机行走和截割断面不是同时进行的,机身的自主纠偏控制问题可以视为二维平面运动控制问题,截割头的运动控制问题可以看作在当前机身位姿下的轨迹规划问题。第三,掘进机工作负载大,截割煤岩时甚至会出现掘进机机身偏转的现象,同时液压系统负载大,响应缓慢,容易出现"死区"现象,这都增大了控制难度。

3. 掘进机煤岩界面识别与自适应截煤技术

综掘工作面煤岩分布、走向复杂,掘进机在掘进过程中经常遇到夹矸或者岩石断层,不同岩质的硬度不同,截割过程中若遇到硬岩会造成剧烈冲击,影响截齿和掘进机寿命。因此,煤岩界面识别技术是实现综掘工作面智能化的关键技术之一,是自适应截煤技术实现的基础。实现掘进过程中的煤岩界面识别对提高掘进效率和延长设备寿命有重要意义。煤岩界面识别技术又分为非接触式和接触式煤岩测试技术。

4. 自动化锚护技术

车载锚杆钻机已经成为快速掘进系统的重要组成部分,整套快速掘进系统中锚杆钻机配有 8～10 个钻架,掘锚机配有 6 个钻架,操作工人配有 4～8 个钻架,平均一个进尺打锚杆时间为 10～15 min,该支护速度仅仅能够适应目前的掘进速度,在一定程度上缓解了巷道掘进过程中的"掘快支慢"的矛盾,但是锚杆支护设备的拆、装钻杆,上锚杆和装药卷,铺网等动作仍需人工手动作业,操作人员体力消耗较大。此外,可呼吸性粉尘、铺网时操作人员处于空顶区等危险因素严重威胁操作人员的生命安全。锚护作业已成为快速掘进系统中作业人员最多、环境最恶劣的环节,限制了效率的进一步提升。因此,必须研制全自动钻架和全自动锚杆钻车,实现整个锚杆作业工序(钻孔、装药卷、上锚杆、紧固锚杆等)的自动化以及辅助工序(铺网)的自动化,提高锚杆支护的速度和效率,逐步减少人的参与,最终实现锚杆支护无人化,为整个掘进系统的智能化打下基础。

1.4.2 快速掘进成套装备的多机智能化联控技术

综掘工作面工况恶劣、空间狭小,各设备间结构独立性高、参数关联性差,多是单机自动控制,由人工协调各单机设备间的协同工作。操作人员分散在不同的设备上,无法及时了解其他设备的实时状态,导致协调性差,不能实现快速、准确配合,无法实现相互闭锁等逻辑控制,并容易造成堆煤、碰撞、人身伤害等。

快速掘进装备的智能化对各设备的定位精度、运行平稳性、稳定性、容错能力、自适应性等提出了更高的要求,成套装备的协同控制也是以单机设备的智能化为基础,同时增加成套装备的感知、决策和智能化控制功能,并在高粉尘浓度、湿度、背景噪声等环境下,实现信号的高精度采集、传输、控制。为了实现感知信号、测量数据的实时跟踪、准确记录、分析判断,在复杂的信息环境下,以往单目标、少目标的传统控制方法已经无法满足多机多性能指标的控制要求,控制系统需要智能化程度更高、实用性更强的多目标智能控制算法。需要建立快速掘进系统自动化专家决策系统,融合"人、机、环、管、控"过程的数据及信息,并进行深度数据融合与挖掘,从而建立一套基于数据挖掘技术的综采综掘工作面自动化专家决策系统,提高快速掘进装备的智能决策水平。

快速掘进装备协同控制涉及以下几项关键技术。

1. 信息融合与通信技术

随着煤矿采深的增加和巷道长度、断面尺寸的不断增加,成套装备的协同工作环境日趋复杂。采用单一类型的传感器是无法实现设备—设备、设备—环境、设备—人之间的感知的,因此需要多种传感器相互协同工作。

多传感器间的数据信息融合技术的主要功能如下。①数据统一和校准,即各传感器测量信息的时空统一。把各传感器输出的数据信息转换成统一参考点坐标系中的数据信息。②目标识别,即对设备、环境、人的目标识别,通过多源传感器判别设备周边的状态信息,将不同传感器感知到的同一目标的数据进行识别、相关、融合处理,形成该目标完整、精确的位置和运动参数。③数据评估与预测,即对同一传感器测试的相关信息进行综合、状态跟踪估计,并参照其他信息流的测报对数据信息进行修改验证,对不同传感器的相关测报信息进行验证分析、补充综合、协调修改以及状态跟踪估计,对新发现的不相关测报信息进行分析、综合,完成对成套装备工作状态的评估,按照规定工艺准则下达下一步工作指令。

为了实现掘进设备、锚护设备、输送设备间的协同,各设备之间应该共享一些信息。各设备内部信息非常丰富,如果将全部信息进行共享,会严重影响信息的传输速度,导致通信延迟和信息异步,所以为了实现各设备间的可靠协同通信,既要建立稳定健全的通信网络和接口协议,还要明确各设备之间应该如何交换信息、交换哪些信息、交换信息周期、信息的传递方向与顺序,不能把每台设备的所有信息与其他设备共享,以免影响网络通信的效率和可靠性,防止设备间协同工作过程中出现不必要的卡顿或错误动作。

2. 协同感知与信息共享技术

快速掘进装备中各单机结构非常复杂,特别是锚固设备中机载的钻机多,钻机运动关节多,各设备之间及设备内部各机构之间还需要紧密的工序和动作连接,才能完成巷道的掘进工作。巷道空间狭小、管路繁多,为了保证工作过程中的安全性和可靠性,机构—机构、设备—设备、设备—环境及人—设备—环境之间的位置和运动感知是协同控制的基础,具体包括:运输系统的协同控制、可弯曲带式输送机和迈步自移机尾的协同控制、掘进设备与锚护设备的协同控制、锚护设备与可弯曲带式输送机的协同控制等。

运输设备协同控制系统具有逆煤流启动、顺煤流停车和设备间的联动闭锁等功能。掘进系统与锚护设备的协同控制功能是指通过传感器精确地感知两设备间的距离和相对状态,保证掘进系统输出的煤块落入锚护设备前面的料斗中,并且能够保证两设备保持同步工作。此外,还要注意,掘进系统开设联络巷时,掘进系统与锚护设备的原有工作状态可能改变,需要随之调整锚护设备的状态。

锚护机与自移输送机的协同控制建立在两设备之间的无线通信网络基础之上,通过相互之间的信息传输,可以得知两设备间的相对信息和移动方向。当其中的任意一台设备向前或者向后移动时,另外一台设备也将随着一起向前或者向后移动,从而增加设备移动的牵引力,实现整套设备的快速移动,提高巷道的掘进速度。

人—设备—环境间的协同控制需要各设备能够对非工作区域内工作人员的行为进行感知和预警,并对巷道的顶板状态信息、瓦斯、水等进行实时监测。当非工作区域有人员进入时或巷道顶板冒落、瓦斯和水突出时,各设备应开启紧急制动模式,保证巷道掘进过程中的安全性。

成套装备中各设备间的感知信息要进行交换与共享,单一设备可能测量不到某目标,可以通过其他设备的测量信息获取,从而保证系统内信息的整体性和完备性。此外,成套装备的信息还要与其他系统的信息进行共享,如巷道地质信息、围岩状态信息、锚护信息及掘进辅助系统信息等。多系统间的信息共享,才能真正保证快速掘进系统的高效性和安全性。

3. 集中监控技术

掘进工作面的设备每天都会随着巷道向前推移而移动,设备的系统比较庞大,控制的动作较多,设备间的协同控制功能较多。因此,需要在快速掘进工作面中设计一套集中控制中心。一方面通过控制中心可以监控整个快速掘进工作面设备的工作状态和动作参数,另一方面可以为掘进工作面的所有设备提供配电功能,实时监控每台设备的用电情况。集中控制中心集供配电、设备状态监控、视频监测、无线数据网络管理和数据上传功能于一体,并可在地面对掘进工作面设备进行远程监控。在此基础上,逐步形成快速掘进工作面控制系统,实现"以工作面自动控制为主,监控中心远程干预控制为辅"的工作面自动化生产模式。

1.5 乌海能源煤矿智能化建设

1.5.1 建设背景

落实国家、地方政府决策部署。党的二十大报告提出,推进新型工业化,加快建设制造强国、质量强国、网络强国、数字中国,实施产业基础再造工程和重大技术装备攻关工程,推动制造业高端化、智能化、绿色化发展。国家8部委联合印发了《关于加快煤矿智能化发展的指导意见》,明确了我国煤炭工业智能化发展方向;内蒙古自治区印发了《内蒙古自治区推进煤矿智能化建设三年行动实施方案》,确定了煤矿智能化建设方向。

落实国家能源集团智能化建设战略。国家能源集团提出"一个目标、三型五化、七个一流"发展战略,确立了"2022年智能化建设实现5个100%全覆盖"

发展战略目标,先后下发了《关于加快煤矿智能化建设的实施意见》《关于进一步加快煤矿智能化建设的通知》《国家能源集团 煤矿智能化建设指南(2022版)》,明确了集团推进煤矿智能化建设目标任务、建设标准、保障措施、考核机制。

乌海能源有限责任公司发展需求。煤矿智能化建设,是实现乌海能源有限责任公司"五个提升"总体目标的重要举措;是将党建工作与企业管理、业务技能融合的具体手段,是提升党建引领能力的重要举措;是改变矿井劳动环境,保障员工生命安全,提升安全环保水平的治本之策;是促进公司转型升级,实现高质量发展,提升产业发展水平的重要途径;是提升煤矿核心竞争力,创造更大价值,提升经营管理水平的实际行动;是提升员工幸福指数,满足矿工对美好生活向往的迫切需求。

乌海能源有限责任公司现有煤矿均为井工开采,大部分矿井开采年限较长,采掘条件复杂,水、火、瓦斯等灾害普遍存在。2019 年,公司着手开展智能化建设规划;2020 年,确定了主要对黄白茨、老石旦、公乌素、五虎山、利民 5 座煤矿进行智能化建设的规划;2021 年,智能化建设逐步开展,年底 2 座矿井、4 个智能化采煤工作面通过验收;2022 年完成集团"5 个 100%"奋斗目标。

1.5.2 具体做法

党建引领、统一思想。以一流党建引领智能化建设,通过强化政治引领、规范组织建设,成立了 7 支青年"突击队",发挥党员先锋模范作用;组织"最美奋斗者"形成一支党引领的智能化建设队伍,通过创新工作手段、加强全员宣传、提升组织能力,大力推进党建工作与智能化建设工作深度融合。

高度重视、组织保障。2020 年,成立董事长任组长的智能化领导小组、分管领导任组长的建设工作组,各建设单位成立了相应智能化领导机构、专职部门,将智能化建设作为"一把手"工程,统筹协调、定向把关、责任到人,并将智能化建设目标列入年度考核,自上而下构建起网格化责任体系。

统筹规划、一矿一策。在项目规划中,以智能化建设相关政策和企业发展过程中的需求为依据,以实现"减人、提效、保安"为目标,结合乌海能源有限责任公司各单位系统特点、赋存条件等实际情况和智能化相关技术发展现状,形成了一矿一策的建设格局。

循序渐进、重点突破。在建设推进过程中,结合全面建设资金投入大、智能化技术日新月异等综合因素,制定了示范先行、逐步推进、持续升级的建设思路。确定了黄白茨煤矿国家级智能化示范矿井、老石旦煤矿集团级智能化示范矿井、骆驼山智能化洗煤厂示范工程,先行建设,其他生产矿(厂)逐步推行,基建、停产矿(厂)依照建设、复工进度同步推进智能化。未来根据智能化技术发展情况持续进行系统优化、技术升级。

倒排工期、挂图作战。建立协调推动机制,成立智能化推进组,抽调各单位智能化技术骨干集中办公,组成"会战阵地"。按照先确定项目竣工时间,再回推各节点完成时间,绘制项目推进网络图、考核表,形成"会战地图",营造了作战氛围,全力推进智能化建设。

多措并举、资金配套。根据公司整体发展规划,结合经营发展情况,科学、合理进行智能化建设,充分利用专项资金、国补资金等渠道。通过集团立项、科技项目、自筹等途径确保建设资金到位

科技创新、技术先行。坚持自主创新、协同合作,采取消化吸收、重点攻关的形式,将智能化建设与生产工艺、管理机制、风险管控、绿色发展相结合,推动企业高质量发展。突破了智能化薄煤层+沿空留巷、复杂地质条件快速掘进、固定岗位可视化远程集中控制等技术。承担了集团"2030 煤炭清洁高效利用"重大先导、掘支锚运探一体化智能掘进等项目,形成一套推进智能化建设的科技管理体系。

分级培养、人才支撑。注重智能化人才培养,制定分级人才培养计划,包括:育英计划,培养适于智能化集控岗位人员;菁英计划,培养适于智能化运维岗位人员;卓越计划,培养适于公司智能化战略管理人才。

1.5.3 建设规划

1. 总体架构

乌海能源有限责任公司智能化建设总体架构分为四层,即决策展示层、业务应用层、数据层、煤矿层,如图 1-5-1 所示。

决策展示层是智能矿山的"大脑中枢",实现对全公司所属单位各类生产系

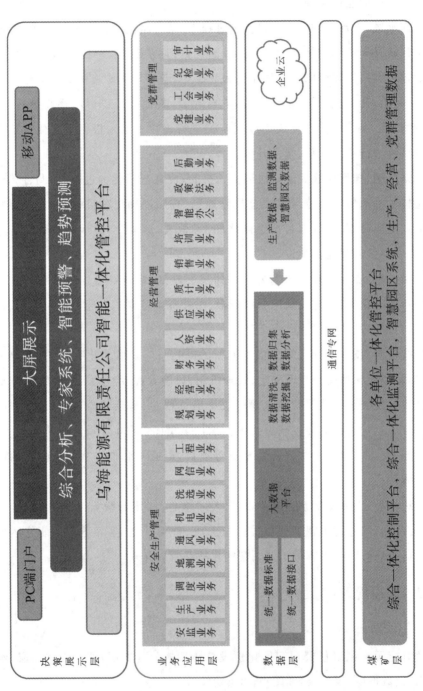

图 1-5-1 乌海能源有限责任公司智能化建设总体架构

统、业务应用层的集中协同控制,是全公司智能矿山的控制核心。

业务应用层包含安全生产管理、经营管理、党群管理三个平台。

数据层包含公司级大数据平台、企业云,通过采集、分析、归集、挖掘各单位业务数据、监测数据等,为业务应用层提供基础信息。

煤矿层主要在生产矿井建设综合一体化控制平台、综合一体化监测平台、智慧园区系统,实现设备智能远程控制、工作环境智能监测,并将关键数据上传至公司决策展示平台。

建设完善公司"一张网",提供安全、高效、可靠的网信基础,形成基层单位与公司网络高速实时互联。

2. 建设目标

2023 年 6 月利民煤矿、五虎山煤矿、公乌素煤矿、老石旦煤矿通过集团"5个 100%"、内蒙古自治区验收。2024 年 6 月乌达煤炭加工中心预计完成智能化建设;12 月利民煤矿、黄白茨煤矿、老石旦煤矿达到高级智能化。2025 年 6月骆驼山煤矿预计完成高级智能化煤矿建设;平沟煤矿、天荣煤矿依照基建、复工进度开展智能化建设。

3. 效果及进度

1) 智能采煤

截至 2024 年 1 月,乌海能源有限责任公司已建成 6 个智能化采煤工作面,分别为:老石旦煤矿智能综放工作面、黄白茨煤矿薄煤层智能工作面和智能综采工作面、公乌素煤矿大倾角智能综放工作面、利民煤矿智能综采工作面、五虎山煤矿智能综采工作面;2023 年上半年路天煤矿建成智能综放工作面后,全公司所有采煤工作面将实现智能化。

黄白茨煤矿薄煤层智能化+沿空留巷工作面:黄白茨煤矿 021301 薄煤层综采工作面在实现智能化的基础上,融合揉模混凝土沿空留巷技术,首次实现了挡矸支架协同控制;同时,集成 LASC 找直系统、上窜下滑控制系统,提高工作面推进控制能力,目前已完成回采工作;该矿 0913 中厚煤层智能化采煤工作面已投入运行,实现了全部回采工艺的智能化。

老石旦煤矿音视频智能综放工作面:老石旦煤矿 16402 综放工作面实现了支架自动跟机、采煤机记忆截割、设备远程集中控制,工作面单班作业人员由原来的 15 人减少至 5 人,已通过内蒙古自治区验收;研发了基于音、视频多参数融合的智能放煤系统,解决了智能放煤难题。

公乌素煤矿智能化综放工作面:公乌素煤矿 021601 综放工作面已实现设备一键启停、采煤机记忆截割、液压支架自动跟机、遥控放煤、工作面设备协同控制等,工效提高 2.1 倍,通过了内蒙古自治区验收。该工作面已完成回采 720 m,正在进行跳采搬家。

利民煤矿复杂地质条件下的智能综采工作面:利民煤矿 905 综采工作面实现了复杂地质条件下的智能化采煤,工作面采用惯性导航系统找直,最大偏差为 ±0.2 m,采煤设备全部设有健康诊断系统,实现对设备运行工况的实时监控和诊断,工作面自动化率达到 87% 以上。

2)智能掘进

根据各矿地质条件、支护工艺、巷道尺寸,规划建设 5 大类智能掘进工作面。到 2022 年乌海能源有限责任公司已建成了 4 个智能掘进工作面,到 2023 年建设完成 5 个,实现生产矿井智能掘进全覆盖。

利民煤矿建成 1 个复杂地质条件掘锚一体机快速掘进工作面,通过使用掘锚一体机成套装备,实现了截割、装载、运输和锚护同步作业,总结了大量的现场掘锚作业、远程控制、辅助系统协同方面的经验。

2021 年黄白茨煤矿建成了 1 个半煤岩巷智能掘进工作面。在瓦斯含量高、巷道空间有限的情况下,使用由自移式联排支架、悬臂式掘进机、除尘装置、锚杆钻车组成的智能掘进成套装备。实现截割工艺远程控制,掘、支、锚、运平行作业,工效提高 1.5 倍,通过了内蒙古自治区验收,获得了地市级科技进步奖。

2022 年老石旦煤矿建成 2 个智能掘进工作面,其中:平台式 4 臂纵轴智能掘进工作面 1 个,实现了远程可视化集中控制、自动截割、惯导定位、地面一键启动等,采用滑移平台解决了锚护作业空间问题,已通过内蒙古自治区验收,目前已完成巷道的掘进任务,回撤地面检修;双臂纵轴智能掘进工作面 1 个,采用两个后置锚臂,定位精度高,体积小,适应巷道能力强,作业灵活,在取消夜班情况下单月进尺 473 m,刷新矿井记录。

2022 年公乌素煤矿和利民煤矿建成了 2 个双臂式智能掘锚工作面,实现了远程控制、自动导航、自适应截割、连续运输、掘锚同步作业;掘进单班作业人员减少至 7 人,工效提高 1.6 倍。

2023 年,公司承担了掘支锚运探一体式智能掘进科研项目,采用掘支、动力、控制分体布置,实现锚钻自动精准定位、自动铺网、随掘微震探测、场景再现、截割和锚护多循环连续作业等。公司正在积极探索近距离煤层自动架棚支护技术,计划研发全自动架棚机械臂,以实现特殊掘进工艺下的智能掘进。

3)固定岗位无人值守

乌海能源有限责任公司在 6 座矿井建设 74 个固定岗位无人值守项目,建设内容包含主运输、辅助运输、供电、供排水、压风、主通风、注氮 7 个子系统,共涉及 34 个子系统、95 个岗位,实现了"可视化远程控制"。

综合一体化管控平台:利用工业环网和视频监测系统对固定岗位进行远程可视化集中控制,实现在生产指挥中心集中操控现场设备、监视运行状态、生产过程全程可视、重点部位智能预警、操作过程视频联动。

视频联动:构建 AI 图像智能识别管理平台,在高风险地点安装智能摄像仪,对人的不安全行为、物的不安全状态进行侦测,自动发出报警信号,与相关设备、系统联动,信息推送,设备停机,形成有效的智能安全管理机制。

4)智能洗选

公司正在推进 5 座智能化洗煤厂建设,其中:骆驼山洗煤厂智能化建设为集团 2030"煤炭清洁高效利用"重大先导项目,2022 年 8 月完成科技项目验收,鉴定为国际先进水平;老石旦洗煤厂、公乌素洗煤厂、利民洗煤厂为矿井配套洗煤厂,按照示范洗煤厂建设标准完成。

各洗煤厂按照示范洗煤厂进行建设,建成以选煤工艺流程为核心的智能生产控制系统,以数据为核心的一体化管控平台,以自主可控集散控制系统为核心的工业控制系统,以多模数据融合的智能选矸系统。实现各系统数据共享、信息联通、实时监测及过程优化控制,提高生产效率。

5)智能通风

公司规划建设 5 个煤矿智能通风系统。黄白茨、老石旦、利民煤矿已建设完成,五虎山、公乌素煤矿正在实施。

该系统对通风设施智能化改造、增设风流感知设备、构建智能通风控制平台,实现矿井通风参数无人化测量、矿井风量远程调控、通风隐患自动识别、通风灾变联动控制,以及对风门、风窗、风机、测风装置等通风设施的远程调控,达到矿井通风智能化、远程化控制的目标。

6)灾害精准预警系统

2022年公司建成统一的灾害精准预警系统,老石旦、黄白茨、利民煤矿已建设完成。该系统采集海量数据,建立各类型数据库,运用实时互联、决策分析、预期推演、协同控制等手段,实现灾种分类、灾害分级、风险信息动态推送,实现多角度、多指标的可视化展示,形成公司协调调度、矿井贯彻执行的灾害精准预警系统体系。

7)地质保障

公司正在推进透明地质保障系统建设,已委托集团科创中心实施,在矿端建设基础平台、公司建设管理平台,利用矿区工程地质、水文地质、钻探资料、测井资料、电法和磁法勘探数据,以及基础地形地貌、地表高程等信息,通过建模技术形成矿井动态透明地质系统。为地测部门提供制图功能,为采掘、通风、供电、运输、排水、安全管理等业务部门提供地测图形及数据的共享服务。

8)工业网络

公司建成了工业控制网络示范工程。其中:老石旦煤矿建成5G通信网络,实现井上、下全覆盖,智能掘进监控和设备智能监控与报警系统已形成应用场景;骆驼山煤矿建成电力专网试点,实现供电数据专网传输,低时延、高可靠;黄白茨煤矿正在采煤工作面建设Wi-Fi 6网络,实现支架电液控制器的"有线+无线"冗余通信,提高智能化运行稳定性。

2023年公司在黄白茨煤矿、五虎山煤矿、公乌素煤矿、利民煤矿建设5G、F5G网络,积极推广5G应用场景,构建信息高速公路。

9)设备智能监测与报警系统

公司统一建成设备智能监测与报警系统,该系统涵盖设备档案、设备监测数据存储、计算、分析、数据源诊断、应用集成等几个层次,实现公司设备运行状态大数据应用统一管理,保障设备的安全、稳定及长周期运行,提高设备利用率,降低维护维修成本,提高运营效率。

10)在线式全景漫游巡检系统

在线式全景漫游巡检系统采用"4K超高清视频+5G+AI"技术实现全景

漫游巡检,为煤矿安全、智能监控及预警提供技术支撑;让地面指挥人员站在大屏幕前便有身在井下工作面巡察的直观感受,能够更有效、直观地对井下生产情况进行指挥、协调;解决了矿井长期以来工作面设备巡检不全面、人员下井巡检不安全、维修困难等痛点,有效提升了矿井安全生产管理水平。

11)"5G+XR"远程协作平台

"5G+XR"技术应用是基于5G技术将XR(VR、AR、MR)与井下和洗煤厂安全生产深度融合,解放双手,实现主动感知、远程诊断、自动分析、快速处理的功能,提供第一视角的双向视频通话,可实时共享专家指导信息至现场,实现高效智能的远程设备故障诊断、隐患排查、作业指导、应急指挥等。

12)VR培训系统

公司建设了VR培训系统,构建VR智能培训平台架构,同时在下属单位建设VR智能培训教室,内容覆盖了事故案例警示学习、工种作业实操培训与考核、应急避灾实训、危险源识别等各个方面共74个培训场景。该系统以3D场景实现了高度仿真、沉浸式、可交互虚拟互动的学习场景,将原有的传统"以教促学"方式升级为学习者通过自身与信息环境的相互作用的智能学习模式。切实达到了提升职业技能、提高安全意识的目的。

13)智慧管理

公司基于大数据对安全生产和经营管理进行了业务数据的充分融合,对业务场景进行了应用开发、集成,实现了各业务协同办公、智慧管理。

安全生产:建成了基于大数据的智能生产指挥与智能集中控制的一体化生产指挥中心;建成了井下、地面同时融合的覆盖全公司的安全监控系统;实现了基于超宽带技术的人员精确定位;建成了基于视频的智能安全监控平台,实现了井下人、机、环境的场景模型训练和智能识别。

经营管理:在集团人、财、物、产、供、销统建平台的基础上,搭建了公司智能生产调度管理、安全信息管理、计量和质量管理、班组建设、绩效考核、培训教育管理、资产管理、财务预警等管理业务系统,并统一集成在企业应用APP上,实现了智能协同办公、智慧管理。

智能园区系统建设工业辅助设施、生活设施智能保障功能,实现安防管理、车辆管理、道路管理、门禁闸机管理、信息发布、食堂管理的数据共享,推进企业管理迈入网络化办公、数据化集成、场景化应用、生态化运营和精细管理、精益运营、精准决策的新阶段。

14）智能综合监测平台

秉承一张图理念，将各矿安全、生产、经营、应急值守等信息完美融合并统一展示。智能综合监测平台集生产运行、设备状态、安全监测、人员定位、视频、通讯、图文、调度指挥、统计分析为一体，做到矿井总体环境感知、状态可视、运维可管、安全可控。

通过集成自动化和其他生产类数据，以 web 三维形式实现生产数据和设备状态一张图显示，从庞大复杂的生产和安全数据中抽取分析关键信息，高效辅助调度员和各级领导快速准确地做出指挥和决策。

1.5.4　建设管理

乌海能源有限责任公司构建了"1269"技术管理体系实现超前化、系统化、规范化、常态化管理，为公司智能化建设、运维等提供了可靠保障，按照"一年打基础、两年上台阶、三年创水平"的总体目标，致力加强智能化技术管理工作，形成智能化技术管理体系。

理顺管理制度：根据智能化技术管理需要，修订完善智能化项目管理制度，实现从项目申报、审查、审批、实施、变更、验收、成果推广全过程有章可循；实现体系化、流程化、科学化管理；确保制度精炼、适用、真用、管用，执行有效。

落实管理制度：深化智能化技术管理体制改革创新，完善技术管理机构，组建专业队伍，配齐专业技术人员，完善技术人才选拔培养、激励约束等管理机制，畅通发展渠道，激发创新活力，努力打造一支队伍稳定、结构合理、专业齐全、技艺精湛的一流的智能化技术团队。

健全管理机制：以"超前谋划、充分调研、系统考虑"的工作方式，做好智能化建设统筹规划，确保各项规划的合理性、科学性、适宜性、有效性、针对性、可操作性，实现规划落地。

科学做好规划：深化智能化技术管理机制创新，做到技术管理责任明确、界限清晰、执行严格、闭环管理，建立健全与公司发展相适应的技术管理机制。

以"深度调研、系统考虑、充分论证、认真比对"的工作方式，一矿一策，确保智能化设计的合理性、规范性、精准性、针对性、可操作性,杜绝重大设计质量事故发生。加强智能化技术基础资料整理与分析,强化规程措施完善与落地,推进技术标准完善与执行,为技术管理提供扎实的基础条件。

1.5.5 运维管理

1. 运维规划

公司已将智能化运维纳入管理机制改革,随着信息化、自动化、智能化水平不断提高,生产方式发生巨大变化,现有的管理机制已经不适应新的发展形势。公司及时启动管理体制机制改革,确立黄白茨煤矿和老石旦煤矿作为试点。旨在通过建立新的管理机制,重新进行劳动组织、机构设置和管理机制革新,对人力资源重新梳理后进行合理有效安置,通过专业化服务、委托代管、协同激励等措施促进体系效率的全面提升。

2. 运维方式

第一阶段从项目建设完成到运行一年后,采取以承建单位为主、基层职工为辅的方式,重点由智能化推进组负责协调承建单位开展智能化专项培训,完善人才建设;组织编制智能化运维手册、操作手册,建立运维资料,提升运维能力。

第二阶段从项目运行一年后开始,按照"自力更生,分级负责"的原则,正在规划形成"公司＋基层＋外聘专家"的运维管理模式。公司成立机构负责整体规划和运维管理;基层组建运维队伍,形成运维机制;一般故障由各单位自行及时维修,疑难故障由公司管理团队协调解决。

3. 运维人员机构配置

各单位均设立了智能化办公室,独立开展工作,主要负责智能化建设规划、设计、施工管理、运维管理工作。科室成员5～7名,学历大专以上,平均年龄不到35岁。智能化运维操作目前由相关区队兼职完成,智能化办公室正在开展内部挖潜,完成运维操作队伍的建立,形成一支20人左右的运维操作队伍,负责智能化系统日常维修、保养、仪器仪表标定、检查,工艺参数调整,软、硬件随采掘搬家的安装等工作。同时,部分单位采取"长期培训＋服务"方式,外聘1名或2名专家,长期服务于智能化建设,负责智能化运维指导、人员培训等工作。

1.5.6　建设成效

乌海能源煤矿智能化建设正在有效推进,建成的项目已在"减人、增效、保安"方面取得一定成效,照此考虑,到智能化项目建设完成,可取得如下成效。

操作人员大幅减少:通过智能化建设,全公司固定岗位操作人员从原来的现场操作岗位转移到生产指挥中心远程可视化控制岗位,实现"指挥中心看工厂";同时,原来由多人操作的设备,实现了集中控制,一名远控人员可同时操作多个系统,现场人员大幅减少。经统计,全公司共调整岗位人员 241 名,实现了人力资源管理的变革。

经济效益有效提高:通过智能化建设,采煤工作面自动化截割率达到 80%,工效提高 3 倍;实现了不同形式的快速掘进,月进尺提高 1.5 倍;固定岗位实现了"一人多机"操作,功效普遍提高 3 倍。同时,实现智能化后,设备使用更加科学,维修量大幅减小,故障率下降;通过经营一体化管控,提高管理效率,生产成本大幅降低,经济效益有效提高,助力企业高质量发展。

安全管理得到保障:通过"机械化换人、自动化减人"将操作人员从危险岗位上替换下来,并取消夜班生产制,降低职工劳动强度,提高安全系数。通过智能通风、灾害精准预警、透明地质系统建设,实现对水、火、瓦斯、顶板等危险因素智能感知、预警,极大提高矿井对灾害的预防能力。通过安全生产、综合一体化管理管控系统建设,安全管理更具科学性,企业安全管理能力提高。

第2章
乌海矿区地质条件

2.1 乌海矿产资源现状

2.1.1 自然地理与社会经济概况

乌海市地处内蒙古自治区西南部,是我国华北与西北地区的结合部,同时也是宁蒙陕甘经济区的结合部和沿黄经济带的中心区域。乌海市辖三个县级行政区,地势东西两边高、中间低,形成"三山两谷一条河"的基本地形地貌特征。东部是绵延百里的桌子山,中部为甘德尔山,西部为五虎山,三山呈南北走向平行排列,中间形成两条平坦的谷地。黄河沿甘德尔山西谷流经市区,阻断乌兰布和沙漠进入河套地区。

截至2020年底,乌海市常住人口为55.66万人,2020年全市实现地区生产总值563.14亿元,第一产业实现增加值5.97亿元,第二产业实现增加值363.14亿元,其中,工业实现增加值338.02亿元,第三产业实现增加值194.03亿元。三次产业结构比例为1.1∶64.5∶34.4。2011年11月乌海市被列为国家第三批资源枯竭型城市。

2.1.2 矿产资源概况及特点

乌海市位于巴音诺尔公—狼山—渣尔泰山元古代古生代金属成矿带之新生代蒸发盐类成矿带,构造简单,岩浆岩不发育,矿产成因类型有变质矿产、内生矿产、沉积矿产。截至2020年底,全市发现各类矿产37种,查明资源储量的矿产有25种,其中,纳入《内蒙古自治区矿产资源储量表》的上表矿种有15种

33

（见表2-1-1），优势矿产为煤炭、石灰岩等。全市上表矿产地51处，其中，大型矿床11处，中型矿床17处，小型矿床23处。

表 2-1-1　乌海市主要矿产资源储量表（截至 2020 年底）

序号	矿产名称	矿区数	资源储量单位	保有资源量
1	煤炭	19	千吨	2761926
2	铁矿	6	矿石　千吨	9485.00
3	铅、锌矿	1	铅锌　吨	175、1367
4	熔剂用灰岩	1	矿石　千吨	107945.93
5	冶金用白云岩	1	矿石　千吨	5233.00
6	耐火黏土	3	矿石　千吨	9308.00
7	电石用灰岩	2	矿石　千吨	457606.30
8	制碱用灰岩	2	矿石　千吨	809853.60
9	水泥用灰岩	8	矿石　千吨	2068112.76
10	玻璃用砂岩	1	矿石　千吨	1610.00
11	水泥配料用砂岩	1	矿石　千吨	15588.60
12	高岭土	1	矿石　千吨	2319.00
13	陶瓷土	1	矿石　千吨	3581.00
14	砖瓦用黏土	1	矿石　千立方米	8740.00
15	水泥配料用黏土	3	矿石　千吨	54776.94

（1）能源矿产。乌海市煤炭资源丰富，主要分布在"三山两谷一条河"中的两谷之中，一是绵延百里的桌子山与甘德尔山之间，位于本市与鄂尔多斯市鄂托克旗交界处，二是贺兰山脉北段与黄河之间，位于乌达区。煤种以焦煤为主，是内蒙古自治区重要的煤炭生产基地，焦煤保有资源量约为2761926千吨，保有资源量占自治区炼焦用煤保有资源量的23%左右，是我国重要的炼焦用煤基地。

（2）金属矿产。乌海市金属矿产有铁矿与铅、锌矿，铁矿床主要分布在桌子山西侧千里山地区，全市铁矿上表矿区6处，查明资源储量较小，以小型矿床为主。铅、锌矿位于甘德尔山背斜东翼，全市铅、锌矿上表矿区1处，为小型矿床，金属硫化矿物主要以黄铁矿、闪锌矿及方铅矿为主，金属氧化矿物以赤铁矿与褐铁矿为主。

（3）非金属矿产。乌海市非金属矿产资源种类多，矿种分别是石灰岩、熔剂用灰岩、冶金用白云岩、耐火黏土、高岭土、陶瓷土、砖瓦用黏土、玻璃用砂岩、水泥配料用黏土、水泥配料用砂岩；主要分布在桌子山西侧与甘德尔山南侧。石灰岩储量大、品位好且分布集中，主要分布在海南区桌子山与甘德尔山之间西水平台山地区、西来峰与呼珠不沁希勒地区。其余非金属矿产分布零散。

2.1.3　矿产资源勘查与开发利用现状

（1）矿产资源勘查现状。截至 2020 年底，完成了地热资源普查、海勃湾农业景区地热资源预可行性勘查、金裕市场地热井工程、蒙根花农牧业休闲农业园温泉井工程、乌达区温泉工程地热资源勘查、乌兰淖尔景区地热资源预可行性勘查。

全市在期探矿权 9 个，登记总面积 138.17 平方千米，占规划区面积 8.28%，勘查矿种有煤炭和石灰岩，其中煤炭 8 个，石灰岩 1 个，均达到了勘探程度，如表 2-1-2 所示。

表 2-1-2　乌海市探矿权数量表（截至 2020 年底）

辖区	勘查矿种	个数	工作程度	登记面积/平方千米
乌海市	煤炭	8	勘探（精查）	126.30
	石灰岩	1	勘探	11.87
	总计	9	—	138.17

（2）矿产资源开发利用现状。截至 2020 年底，全市在期采矿权 90 个，登记总面积 201.65 平方千米。按矿山规模分，大型矿山 17 个、中型矿山 30 个、小型矿山 43 个，大中型矿山占比为 52.22%。按矿产类型分，能源矿山 46 个，金属矿山 4 个，非金属矿山 40 个。按开发利用状态划分，生产矿山 48 个、筹建 1 个、停产 40 个、闭坑 1 个。生产矿山中，多为煤炭矿山，其占比达到 62.5%，金属矿山长期处于停产状态。

2020 年，完成矿业总产值 418.11 亿元，占全市地区生产总值的 74.25%，从业人员近 10000 人。其中，能源（煤矿）矿业产值 413.63 亿元，占矿业总产值的 98.93%,非金属矿业产值 4.48 亿元。依托丰富的煤炭、石灰岩等矿产资源,初步形成了煤焦化工、氯碱化工、精细化工以及建材冶金等产业。

2.2 乌海矿区矿产资源总体规划与实施 一

乌海矿区是《全国矿产资源规划(2016—2020 年)》规划的 162 个重点煤炭矿区之一,依据第三轮矿产资源总体规划,乌海市矿产资源勘查和开发利用取得了较好的发展,实现了资源优势向经济优势的转变。全市矿产资源勘查、开发利用与保护进一步纳入规划管理的轨道,有效推动相关工作深入开展,促进了矿政管理方式的不断转变与创新,实施成效如下。

矿产资源勘查成效显著。完成了海勃湾农业景区地热资源预可行性勘查,井深 2096.85 m,试验涌水量 840 m³/d,出水温度 44 ℃。全市商业性矿产资源勘查工作稳步推进,取得了较好的成果,开展了内蒙古自治区桌子山煤田一棵树梁煤矿勘探、内蒙古自治区乌海市呼珠不沁希勒石灰岩矿勘探等工作,新增煤炭(焦煤)资源量约 2.25 亿吨,新增制碱用石灰岩 8.95 亿吨,新增水泥用石灰岩 10.54 亿吨。

矿产资源结构不断优化。全市矿产资源开发秩序的整顿和矿业权的整合工作走在了全区的前列。通过资源整合、保护区退出及最低生产规模等准入条件的约束,全市矿业的规模化、集约化水平较过去有了大幅提升。全市矿山数量由 2015 年底 129 家减少到 2020 年底 90 家,减少了 39 家,其中,保护区退出矿山数为 11 家,其余通过矿产资源整合减少。大中型矿山占比由 37.98% 提升到 52.22%,较规划基期提高 14.24 个百分点。乌海煤炭基地建设取得重要进展,已形成自治区乃至全国重要的煤焦化工和氯碱化工基地。

绿色矿山建设超额完成。乌海市高度重视绿色矿山建设,因地制宜建立新机制,引导企业走绿色发展之路,乌海市人民政府批复实施《乌海市绿色矿山建设规划》,持续推进数字化矿山、智能矿山建设。全市共有 14 家矿山纳入自治区绿色矿山名录,占在期生产矿山总数的 15.56%,其中,海勃湾区纳入绿色矿山名录 6 家,海南区纳入绿色矿山名录 7 家,乌达区纳入绿色矿山名录 1 家。

矿山地质环境治理恢复成效显著。乌海市积极响应国家政策,取消了矿山地质环境治理恢复保证金制度,退还了约 6.36 亿元,剩余保证金因企业涉法涉诉没有全部退还,制定并执行了《乌海市矿山地质环境治理恢复基金管理办法》。全市矿山企业编制的《矿山地质环境保护与土地复垦方案》均在有效期内,积极开展矿山地质环境和土地复垦治理工作,重点对生产矿山地质环境进行治理,矿山企业累计投入 10.15 亿元,完成治理面积 39.03 平方千米,主要治理区域分布在海勃湾区和海南区的城区周边以及辖区范围内的煤矿开采区内。通过实施矿山地质环境治理项目,有效地解决了生产矿山的固体废弃物堆积、占用破坏土地和破坏地形地貌景观等环境问题,改善和美化了矿山地质环境,收到了良好的社会效益和环境效益。

矿产资源管理能力和服务水平稳步提升,全市矿业权市场建设进一步规范,矿业权有偿使用力度持续加大,除国家和自治区重大项目外,矿业权全部以法定方式出让,充分发挥了市场在资源配置中的决定性作用,为建立矿产资源勘查开发的良性循环提供了支持。全市矿产资源开发利用动态监管和资源储量动态监测工作不断加强,矿产资源开发秩序明显好转,自然保护区内矿山企业得到有效清理,越界开采等矿业生产活动中的违法行为得到了遏制。

2.3 乌海矿区发展形势与生态要求

生态文明建设要求矿业高质量发展,要深入践行"绿水青山就是金山银山"理念,实行最严格的生态环境保护制度。2019 年 3 月 5 日,习近平总书记参加内蒙古代表团审议时强调"探索以生态优先、绿色发展为导向的高质量发展新路子",对矿业发展提出了新要求。自治区始终保持加强生态文明建设的重要定位,坚决守住生态底线,坚持以生态优先、绿色发展为导向的矿业高质量发展。新形势下要求矿业发展依托资源禀赋,进一步优化开采布局,全力推进绿色发展、有序开发、高效利用,推动乌海地区矿业高质量发展。

黄河流域高质量发展要求生态环境综合治理。深入贯彻习近平总书记关于"着力抓好乌海及周边地区等重点区域生态环境综合治理"的重要指示要求,既着眼于内蒙古在国家的生态定位,又着手于黄河流域生态保护和高质量发展,把乌海生态环境综合治理上升到了前所未有的高度。特别是将乌海及周边地区生态环境综合治理作为乌海未来五年的首要任务,坚持以生态修复为重点方向,推动减污降碳协同增效。因地制宜制定环境保护与治理恢复管理制度,统筹矿山实现集中连排、集中治理。实现生态环境质量改善由量变到质变,将乌海市建设为天蓝、地绿、水清的生态城市。

资源集聚绿色发展要求加快推进矿产资源整合。乌海市与鄂尔多斯市交界接壤地区是本市生态环境保护、治理的主战场之一,两市协调同步推进对乌海及周边地区走好以生态优先、绿色发展为导向的高质量发展新路子意义重大。两地毗邻区域矿山设置较多、面积小、分布密集、形状不规则,相邻矿界犬牙交错,生产布局无序,尤其是乌海和鄂尔多斯两市矿山相互交织,碎片化严重,管理难度较大,严重制约矿区生态环境综合治理、系统修复。为确保乌海及周边地区生态环境综合治理工作顺利开展,自治区要求加快推进乌海及周边地区矿山企业整合、重组,优化产业布局,从源头上为统一连片治理创造条件。实现资源集中开发、统一管理、连片治理。

资源枯竭型城市转型要求构建现代产业体系。按照 2018 年 3 月 5 日习近平总书记在参加内蒙古代表团审议时强调"努力改变'四多四少'状况"的重要指示要求,坚定不移走以生态优先、绿色发展为导向的高质量发展新路子,聚焦自治区建设国家重要能源和重要资源基地,坚持锻长板和补短板相结合,巩固传统优势,促进传统产业现代化改造,以生态优先、绿色发展理念引导,倒逼煤炭、洗选、焦化等行业整合做强,立足煤焦化工、氯碱化工两大基地的产业规模优势、配套优势,实施产业基础再造和产业链提升工程,增强质量效益和核心竞争力,以高质量供给服务融入新发展格局,助推资源枯竭型城市转型。

2.4 矿区高质量发展指导原则与规划目标

2.4.1 指导思想

以习近平新时代中国特色社会主义思想为指导,全面贯彻党的二十大精神,认真践行习近平生态文明思想,坚决落实习近平总书记在黄河流域生态保护和高质量发展座谈会上的重要讲话精神以及参加内蒙古代表团审议时关于

"着力抓好乌海及周边地区等重点区域生态环境综合治理"的重要指示精神,以国土空间规划为基础,以资源和环境承载力为基本约束,加强全市矿产资源总体调查评价工作,优化煤炭、石灰石、地热等矿产资源开发利用布局,加大矿山整合力度,依法合规推动矿业权的退出,实现矿业布局合理,开发秩序明显好转,全面推进矿山生态环境集中连片治理,推动矿业绿色发展,确保资源供给与经济社会发展需求相适应,资源开发利用与生态环境保护相协调,规划管控与管理改革相衔接,助推乌海市经济高质量发展。

2.4.2 基本原则

坚持生态优先、推动环境保护,牢固树立"绿水青山就是金山银山"的发展理念,严守生态保护红线、环境底线,保持加强生态文明建设的重要定位,实现资源开发利用与生态环境保护相协调。推动矿山集中连片治理、生态植被修复、绿色矿山创建,建立健全现代化环境治理体系,形成导向清晰、执行有力、多元参与、良性互动的"大环保格局"。

坚持优化布局、资源集聚发展,充分考虑生态环境保护和资源节约集约利用,科学布局矿业权,通过整合压缩、培育优势企业实现集聚发展,优化矿产资源开发利用布局,提升资源开发利用效率,引导资源向大型、特大型现代化矿山企业集中,形成集约、高效、协调的矿山开发格局,使得空间布局更加合理。

坚持绿色发展、资源高效利用,立足资源环境承载能力,严格控制矿产资源开发强度,推动矿产资源绿色、清洁利用,最大限度保护生态环境。加大矿山科技投入,有效提高矿山"三率"水平,促进资源节约高效利用,加大共伴生资源综合利用水平,鼓励发展循环经济。

坚持创新发展、提升管理水平,进一步深化矿产资源管理改革,根据"严控总量、优化存量"原则,推动矿种差别化管理。加大矿产品深加工和技术创新,实现资源的效益转化。严格新建矿山准入管理,提高新建矿山最低开采规模,进一步淘汰产能落后、环境问题突出、资源利用率低、开采方式落后、经济效益差的矿山企业,推动煤与多种能源综合利用耦合发展,促进矿业高质量发展。

2.4.3 规划目标

规划期至 2025 年,力争使全市矿产资源开发利用布局更加优化,资源集约节约水平显著提高,资源利用更加有效,地质环境连片治理稳步推进,完成全市境内矿产资源整合和矿业权退出,保护性开采焦煤,形成节约高效、矿地和谐的绿色矿业发展新格局。

资源保障更加稳定。加强非常规能源调查评价和勘查力度,以基本摸清全市地热资源为目标,开展全市地热资源总体调查评价工作。加快推进全市煤炭与石灰岩整合区内边角资源的勘查,助推矿产资源的有效整合,提升煤炭与石灰岩矿产资源供应保障能力。

布局结构更加优化。加强煤炭、铁矿与石灰石资源整合力度,退出铁矿、石膏、白云岩等产能落后矿山,将全市矿山数量控制在 50 个以内(除普通建筑用砂石土矿外不超过 37 个矿山)。大中型矿山占比达到 90% 以上,煤炭年开采总量控制在 4400 万吨左右,保护性开采焦煤,普通建筑用砂矿年开采总量控制在 80 万立方米左右,如表 2-4-1 所示。

表 2-4-1 2021—2025 年主要规划目标

指标名称	单位	2025 年	属性
年开采总量(煤炭)	万吨	4400	预期性
年开采总量(焦煤)	万吨	1400	预期性
年开采总量(普通建筑用砂)	万立方米	80	预期性
矿山总数	个	≤50	预期性
普通建筑用砂	个	≤13	预期性
大中型矿山占比	%	≥90	预期性
矿山集中连片治理面积	平方千米	34.32	预期性

绿色矿山持续推进。新建矿山全部按绿色矿山标准建设。生产矿山要按照绿色矿山建设标准加快改造升级,限期达到绿色矿山建设标准,因地制宜推进生产矿山开展绿色矿山建设,保证绿色矿山建设质量。

矿山地质环境治理有效。发挥矿山地质环境治理恢复基金作用,强化生产矿山的地质环境集中连片治理,督促矿山做到边生产边治理边复垦,持续推进强化重点地区矿山环境治理,到 2025 年矿山集中连片治理面积完成 34.32 平方千米。深入打好污染防治攻坚战,切实改善区域生态环境质量,为筑牢我国北方重要生态安全屏障做出积极贡献。

完善矿产资源监督管理,健全矿产资源管理体系,落实矿产资源监管责任,强化日常执法监管。规范矿产资源勘查开发活动,建立矿业权人诚信体系,完善矿业权退出机制。减少审批程序,形成"管理有规、市场有序、开发有责、调控有效、监督有力"的矿产资源管理新局面。

到 2035 年,煤炭等重要矿产资源供应保障能力进一步提升。矿产开发与生态环境保护全面协调发展,矿山地质环境得到有效保护和根本改善,绿色矿山格局全面形成。

2.5　矿产资源勘查与开发利用

2.5.1　勘查开发总体布局

1. 勘查开发保护区域布局

黄河以东重点发展区。海勃湾区与海南区既是生态环境重要保护区,也是乌海市矿业重点发展区,严格落实生态保护红线、环境质量底线、资源利用上线和生态环境准入清单。依托桌子山与甘德尔山之间丰富的煤炭与石灰岩资源,加快推动矿业权整合、退出,积极推进煤炭边角资源勘查以及与周边矿业权的整合,提高资源利用效率,形成集约、高效、协调的矿山开发格局,实现资源集中开发、统一管理、连片治理。综合开展乌海市地热等非常规能源调查评价,扩大海勃湾区地热调查评价成果,填补海南区地热资源的空白。

黄河以西绿色发展区。乌达区依托贺兰山与黄河自然生态条件,以生态优先、高质量发展理念引导,深入实施生态保护和环境污染治理工程,形成绿色勘查开发的新格局。乌达区以高品质焦煤资源开采利用为重点,推动黄白茨与五虎山矿区的深部资源有效利用,提高高品质焦煤的资源保障能力。加快华银二矿、华银三矿与建安煤矿的整合,推进苏海图与五虎山南部采空区治理,严格执行"谁污染谁治理""先治尘再生产"原则,大力开展矿山地质环境保护与治理。发挥乌达区矿山数量少、仅有一个露天整合区的特点,加快推进乌达区绿色矿山建设。

2. 能源资源安全保障布局

以煤炭为主攻矿种的神东煤炭(乌海部分)基地的面积为 1483.62 平方千米,占乌海市面积的 88.89%。落实乌海煤炭国家规划矿区,其面积为 661.87 平方千米,占乌海市面积的 39.66%。全面落实国家、自治区的管控措施,以生态环境承载力为基础,以矿产资源为主,由国家、自治区规划统筹确定,为本市资源安全稳定供应提供保障,加快推进矿产资源整合,加快矿山结构调整,推动全市大中型矿山占比达到 90% 以上,引导矿山企业规模化开采,保护性开采焦煤,严控总量,严控数量,充分发挥稀有煤炭资源的特点,通过强化炼焦煤入洗,提高入洗率,回收洗精煤用于炼焦,建设大型煤焦化基地。加强基础设施保障,引导生产要素集聚,打造产业重点发展区域,实现开发结构的进一步优化。全面完成绿色矿山建设。开展全市边角资源勘查,推动综合勘查、绿色勘查,不断创新和探究出新型的技术方法,为本市资源安全稳定供应提供保障。加快以清洁高效可持续为目标的新技术、新工艺、新装备的应用,推动矿业向数字化、智能化、服务化转型。以市政府为主导,组织矿山地质环境集中连片综合治理方案的编制和实施,促使矿山地质环境治理取得明显成效。立足煤焦化工、氯碱化工两大基地的产业规模优势、配套优势,引导焦炭、PVC 等主产品和焦炉煤气、焦油、烧碱等副产品向精细化工及合成新材料环节延伸耦合,延长产业链、提升价值链,推动产业链迈向中高端,提高产业核心竞争力。

2.5.2 资源勘查与开发利用

1. 矿产资源勘查开发调控方向

重点开采煤炭及优质高效非金属矿产,清洁、高效利用煤炭资源,加强煤炭企业对煤矸石的综合利用。限制开采资源利用效益低的矿产、非紧缺低品位矿产。除普通建筑用砂矿外不再新立采矿权(涉及矿产资源整合的除外)。对于普通建筑用砂等普通建筑材料矿产,应在《乌海市矿产资源总体规划(2021—

2025 年)》划定的集中开采区内开采,避免滥采乱挖破坏环境。限制勘查开发对环境破坏较大的砂金等重砂矿物,原则上不再新上此类探矿权,确需新立的必须通过环境影响评估,并征得环保部门同意。煤炭勘查以提高勘查程度为重点,着重提升资源保障程度。保护性开采焦煤,严格控制焦煤开发强度,禁止将优质石灰岩等作为普通碎石建筑材料开采。

2. 矿产资源调查评价及勘查

根据国民经济与社会发展需求、自治区矿产资源勘查开发导向,充分利用国家、自治区地勘基金,做好全市地热资源综合勘查与评价,填补海南区地热资源的空白,为地热资源勘查开发利用、保护及科学管理提供依据。以地质科技服务民生,为区域地质找矿、成矿预测、资源环境评价提供基础依据,进而为经济社会健康持续发展提供矿产资源保障。

加快已有探矿权的勘查工作,提升资源接续能力。加强煤系共伴生资源的综合评价、综合勘查,促进资源优质优用、综合利用。为煤-电、煤-化工等行业提供资源保障。

全面树立绿色勘查理念,推进绿色勘查、综合勘查和集中勘查,探索绿色勘查的技术手段,建立绿色勘查的模型模式;同时,要加大绿色勘查新理论、新方法、新技术、新设备和新工艺的研究与应用推广,最大限度地减少对环境的扰动,完善绿色勘查管理制度,推动绿色勘查示范项目工作。建立矿产的综合勘查、综合研究、统一部署机制,避免重复勘查施工,加大矿产资源综合利用。

3. 矿山开发利用结构调整

根据乌海市矿产资源的特点和开发利用现状,综合考虑地区环境承载力,保护性开采焦煤,严控总量,严控数量,不再进一步增大开采强度,使其保持相对稳定的产量、持续较长的开采年限,充分发挥稀有煤炭资源的特点,通过强化炼焦煤入洗,提高入洗率,回收洗精煤用于炼焦,建设大型煤焦化基地。将储量规模较小、零星分布、产能达不到国家和自治区最低生产规模要求的矿山推动矿业权整合,优化乌海市矿产资源开发利用布局,加强矿山地质环境有效连片治理。到 2025 年,全市矿山数量控制在 50 个以内,其中煤矿 27 个、铁矿 1 个、石灰岩矿 9 个、普通建筑用砂矿不超过 13 个,如表 2-5-1 所示。

表 2-5-1　乌海市矿业权数调控指标

行政区名称	2025 年规划开采矿权数				2025 年规划开采总量			
	煤矿/个	铁矿/个	石灰岩矿/个	普通建筑用砂矿/个	煤炭(焦煤)/万吨	铁矿/万吨	石灰岩矿/万吨	普通建筑用砂矿/万立方米
海勃湾区	7	1	2	4	1400(450)	30	300	25
海南区	17	—	7	9	2500(800)	—	1200	55
乌达区	3	—	—	—	500(150)	—	—	—
合计	27	1	9	13	4400(1400)	30	1500	80

提高最低开采规模,本着矿山设计开采规模与矿床资源储量规模相适应的原则,防止大矿小开、一矿多开。严格新建和改建煤矿准入标准,新建井工煤矿原则上产能不低于 300 万吨/年,改扩建煤矿改扩建以后产能不低于 120 万吨/年,到 2025 年,全市煤矿产能保持在 4430 万吨以上。铁矿(地下开采)产能不低于 30 万吨,铁矿(露天开采)产能不低于 60 万吨,石灰岩矿产能不低于 150 万吨/年等。除煤层气、富铁、金、地热、矿泉水外,原则上不再新建小型及以下矿山,凡是已设立的低于最低开采规模的矿山应积极进行技术改造和开采结构调整,尽快达到最低开采规模要求。集中开采区内(普通建筑用砂矿)新建矿山开采规模不低于 6 万立方米,且开采量要符合规划开采总量调控要求。

合理调整规模结构,引导矿山企业规模化开采,鼓励矿山企业整合,关停技术落后、资源浪费和环境污染严重、安全生产条件差的矿山,到 2025 年底,乌海市在期矿山数量控制在 50 个以内,大中型矿山占比由 2020 年的 52.22% 提高到 90% 以上。

加大矿业权整合力度,优化产业布局,积极配合自治区推进边角资源的依法依规出让,并与周边矿山进行资源整合,实现资源集中开发、统一管理、连片治理。同时,综合施策、依法推进,从全面落实矿山企业主体责任方面建立倒逼机制,推动矿产资源整合。加快推进乌海市三区制定矿产资源整合实施方案,并推动整合方案落地实施。加快推进石灰岩资源整合,落实自治区矿业权数调控指标,将储量规模较小、零星分布、产能达不到国家和自治区最低生产规模要求的矿山进行矿业权整合,使资源利用更加有效,矿山地质环境治理实现集中连片治理,矿山全部达到大型规模。

推动矿业权的有效退出,将储量规模较小且服务年限小于规划期的矿山、产能达不到国家和自治区最低生产规模要求、环境问题突出、资源利用率低、开采方式落后、经济效益差的矿山及零星分布无法参与整合的矿山在规划期内依法合规退出。规划期内退出矿山 20 个,退出比例约为 22.22%,其中煤炭矿 1 个、石灰岩矿 5 个、铁矿 2 个、建筑用砂岩矿 2 个、普通建筑用砂矿 2 个、玻璃用石英岩矿 1 个、天然石英砂矿 1 个、石膏矿 2 个、白云岩矿 2 个、耐火黏土矿 1 个、高岭土矿 1 个。

加强优化技术结构,积极推进完善能耗双控制度助力实现碳达峰碳中和目标,鼓励企业运用先进适用技术和高新技术,对现有生产工艺及装备进行升级改造,加快淘汰落后技术,推广使用国家规定或建设使用的采选冶新技术新工艺,实现矿产资源高效利用。推动非金属矿向深加工方向发展,实现探采选冶加一体化经营。

4. 矿产资源节约与综合利用

清洁高效综合利用共伴生资源。强化矿产资源节约与综合利用理念,严格执行《矿产资源节约和综合利用先进适用技术目录》,积极推广矿产资源节约与综合利用先进适用技术。因地制宜加强煤炭清洁高效利用共伴生资源,提高煤炭入选率,对焦煤资源必须按"优质优用"原则进行开发利用。以煤炭开采洗选过程中产生的煤系高岭土、铝土矿、耐火黏土等为重点,加大综合利用水平,为今后煤炭综合勘查、综合评价和综合利用奠定基础。积极开发下游产品,形成资源节约与综合利用产业链,建设循环经济示范园区。不断提升共伴生矿产以及附加产品的综合利用水平。开发利用石灰岩等矿产,应按照不同的工业用途,综合评价开采。加快复杂共伴生非金属矿产的开发利用,不断提升共伴生矿产以及附加产品的综合利用水平。

严格执行"三率"指标要求。加大对煤矸石、粉煤灰等固废综合利用研究的财政支持力度,资源配置向节约与综合利用水平先进的骨干企业倾斜。矿山企业积极开展科技创新和技术革新,资源综合利用与节能减排水平逐年提高,开采回采率、选矿回收率、综合利用率指标达到国家"三率"指标最低要求。

鼓励、引导发展循环经济。实现国家、自治区碳排放碳达峰行动方案,要求矿业开发过程中大力发展循环经济,探索发展煤矸石到热电厂到热电循环利用、灰渣与矸石到建材厂到建材产品的循环利用、煤炭到高岭土到陶瓷的循环利用、矿井排水到水处理站到供水的循环利用以及采煤塌陷区等到环境治理与土地复垦到生态恢复示范园区到旅游的循环利用。大力发展煤化工、资源综合利用、非金属矿深加工、新型建材等主导产业,形成相互关联、互为依托、相互促进、互为供求的循环经济产业集群。

2.6 绿色矿山建设与地质环境治理

2.6.1 绿色矿山建设

1. 严格新建矿山准入标准及要求

新建矿山要按照绿色矿山建设标准进行建设和开发利用资源,自然资源管理部门要整合矿产资源开发利用、矿山地质环境保护与土地复垦方案,并将绿色矿山建设标准纳入整合后的方案中,统一编制,统一审查,统一实施。严禁采用国家限制类和淘汰类采矿、选冶加工、综合利用技术,确保新建矿山绿色开发。按照"生态优先、绿色发展、高位推进、政企联动"的工作原则,建设优美矿区环境,开展资源开发与智能矿山建设,加强资源综合利用与节能减排,提升科技创新能力,集中财力解决生产、产品深加工、废水废渣综合利用、生态环境治理提升等相关技术难题,将绿色矿业的理念贯穿于矿山日常生产的全过程。

2. 推进生产、整合矿山达标建设

生产矿山要落实绿色矿山建设的主体责任,按照绿色矿山建设规划及标准要求,加快推进企业升级改造,推进尾矿和废石综合利用,通过矿产资源整合工作,有效实现集中连排连片治理,督促企业达到国家和自治区规定的"三率"指标要求。按照"谁破坏、谁复垦"的原则,加大"边开采、边治理"力度,不留生态赤字。积极开展智能化矿山建设,建立矿山生产自动化系统,实现中央变电所、水泵房、风机站等固定设施无人值守,建立工作面和废石场、废渣场等场所远程视频监控监测系统平台。充分发挥全市已建成的绿色矿山企业示范带动作用,以点带面,促进全市剩余生产矿山绿色矿山的创建达标工作。严格对标国家绿色矿山建设标准，从创建矿山优美环境、坚持资源环保高效开发、"一矿一策"建立完善绿色矿山建设方案等方面，推动形成符合实际、特色鲜明、成效突出的绿色矿山建设格局。

3. 绿色矿山建设推进措施

典型带动，示范引领，选择矿山地质环境治理成效显著、矿区主要干线景观改造效果较好、连续充填式开采工艺成熟、生产布局合理、分层开采规范的 2 家典型矿山模式，广泛宣传其先进经验及建设亮点，引导生产矿山、整合矿山与闭坑矿山积极推广规模化、标准化，兼顾后期转型利用的治理模式，发挥示范带动作用，定期组织开展绿色矿山的建设培训指导，推进绿色矿山建设。

一矿一策，稳步推进，已建成绿色矿山要在矿山环境、开采工艺、节能减排、科技创新等方面对照最新绿色矿山建设规范逐一找出相关差距，制定水平提升计划，持续开展绿色矿山建设；拟建绿色矿山要编制绿色矿山建设实施方案，加快升级改造。各区人民政府根据各矿山编制的绿色矿山提升整改计划和建设实施方案，按照"一矿一策"的原则，逐矿分阶段推进绿色矿山建设。对于整合矿山绿色矿山建设，要因地制宜制定"一矿一策"的内容，与现有的绿色矿山相衔接，实现整合矿山的绿色矿山顺利建设。

严格程序，规范管理，矿山企业达到绿色矿山建设要求后，向所在地区政府提交申请和自评估报告，区政府组织有关部门，按照"公平、公正、公开"的原则，以政府购买服务的形式，委托第三方评估机构开展绿色矿山评估。经区政府同意，上报市政府予以公示，公示无异议的，经自然资源厅审核通过，纳入自治区绿色矿山名录，接受社会监督。纳入绿色矿山名录的采矿权人应当持续开展绿色矿山维护，确保相关指标符合绿色矿山建设要求。各级自然资源管理部门要按照"双随机一公开"的方式对纳入绿色矿山名录的采矿权人进行检查，严格落实绿色矿山名录退出机制，不宜继续纳入绿色矿山名录的，移出绿色矿山名录。

2.6.2　矿山地质环境保护与治理

1. 新建矿山地质环境保护与治理恢复

对新建（改、扩建）矿山，坚持矿产资源开发利用与矿山地质环境保护并重的原则，实行严格的矿山地质环境准入制度。采矿权人申办采矿许可证，必须按照相关文件要求,综合开采条件、开采矿种、开采方式、开采规模、开采年限、地区开支水平等因素,编制矿山地质环境保护与土地复垦方案,报市级具有审批权限的自然资源管理部门审查、公告,开展矿山地质环境治理。

2. 生产、整合矿山地质环境保护与治理恢复

对生产矿山,要完善环境保护与治理恢复管理制度,建立相应的考核机制。对整合矿山,按照整合后的实际情况,因地制宜制定环境保护与治理恢复管理制度,统筹整合区内的矿山实现集中连排、集中治理。对所有生产矿山都要编制矿山地质环境保护与土地复垦方案,并严格按照《矿山地质环境保护与土地复垦方案》的内容和治理进度,实施相关治理工程,实现"边生产、边治理"的良性状态。编制方案率达100%,矿山地质环境年度治理达到应治尽治。采矿权人变更开采方式、矿区范围、生产规模、主要开采矿种时,应当重新编制矿山地质环境保护与土地复垦方案。

生产矿山集中连片治理以市人民政府为主导,各区人民政府组织矿山地质环境集中连片综合治理方案的编制和实施,并负责审批和验收工作。由市人民政府制定矿山地质环境治理恢复基金统筹使用管理办法,明确基金的统筹使用方式及监管方式,统筹使用矿山地质环境治理恢复基金开展治理。2021年完成所有集中连片综合治理方案编制;2022年治理工程全面实施;到2023年采坑开始实现内排,集中连片治理初见成效,完成治理面积11.44平方千米;到2025年集中连片治理成效显著,完成治理面积34.32平方千米。

煤矿区集中连片治理工程要充分考虑煤田(煤矿)火区采空区治理项目,渣矸分类集中处置,及时开展排土场矸石自燃防治,借助矿业权整合,打通相邻采坑,统筹采坑内排时序,科学合理设置连片外排土场,集中有序排放,最大限度减少露天采坑和高陡排土场留存数量,减少裸露土地面积,统一排土场台阶高度、宽度、边坡角度、覆土厚度及恢复植被措施等,形成规模化排土区域,兼顾区域生态修复需要,同时考虑为矸石、煤泥、工业固体废弃物等处置预留场地。涉及井工开采的要及时防治地面塌陷、地裂缝灾害隐患,鼓励利用矸石进行充填开采,尽量减少对地表的扰动。

石灰岩矿区集中连片治理工程要充分考虑料堆的合理设置、废渣的集中排放和最终采场边坡形态,同一山体要自上而下分层开采,相邻矿山要统一开采和排弃台阶高度、边坡角度,统一治理模式和标准。

3. 闭坑矿山地质环境保护与治理恢复

采矿权人终止采矿活动或矿山闭坑,采矿权人必须完成矿山地质环境治理和土地复垦义务。积极争取各级财政资金及社会多渠道资金投入治理工作,采取"政府主导、政策支持、社会参与、开发式治理、市场化运作"机制,鼓励社会资金投入,遵循"谁治理、谁投资、谁受益"的原则。构建多元化的资金投入机制。切实解决全市历史遗留无主矿山地质环境问题,优先治理影响人居环境的矿山地质环境问题。

4. 加强矿山地质环境监测与监管

对于矿山地质环境治理监督与管理,建立矿山地质环境问题台账,市级做好监督指导,各区组织开展所有生产矿山地质环境问题核查,建立公示制度,矿山企业应当在每年 3 月底前将年度治理计划书、基金提取使用情况和本年度矿山地质环境治理计划等相关信息及时准确向社会公开,接受监督。实行季报制度,加强监督检查,属地自然资源管理部门应当会同财政、生态环境等相关部门按照"双随机一公开"方式进行监督检查,建立诚信制度,对于拒不履行矿山地质环境保护与土地复垦义务的矿山,自然资源管理部门应将其违法违规信息建立信用记录,纳入全国信用信息共享平台,通过"信用中国"网站、国家企业信用信息公示系统等向社会公布。

拓展多元化的矿山地质环境治理恢复投入机制,严格按照自然资源部关于探索利用市场化方式推进矿山生态修复的意见,不断拓展融资渠道。鼓励社会多渠道资金参与矿山地质环境治理工作,积极引入市场机制,通过税收优惠、财政补贴、土地使用、信贷等方面的优惠政策,将矿山生态恢复治理与光伏业、种植业、林业、畜牧业等产业发展相结合,有效实现矿山恢复治理的经济效益和生态效益。

鼓励矿山地质环境保护与恢复治理科技创新,鼓励矿山地质环境治理科学技术研究,推广应用先进技术和方法,尤其要加强煤矿矿山环境保护与综合治理技术方法研究工作,将更多科研成果转化为生产力,充分发挥科技创新的引领和支撑作用。

强化宣传教育、公众参与和社会监督,加强对采矿权人和矿山作业人员的教育和培训,提高采矿权人矿山地质环境保护意识,自觉履行矿山地质环境恢复治理的义务。重点针对矿区及周边居民开展相关法规和科学知识的普及工作,告知其应有的权利和义务,拓宽和畅通群众举报投诉渠道,完善公众参与的规则和程序,采用多种方式,广泛听取公众意见和建议,自觉接受群众评议和社会监督。

第3章
掘支锚运探一体式智能快掘成套装备

掘进作为一种系统工程,涉及地质、力学、机电、安全和采矿等多学科的交叉问题,涉及学科广泛、牵扯问题复杂。针对不同的地质条件和掘进方式,可采用如掘进机、连续采煤机或掘锚机的快速掘进装备系统。我国煤矿井下掘进工作面特别是半煤岩和岩巷普遍采用悬臂式掘进机,但仍然有较大部分掘进工作面采用单体锚杆钻机进行钻孔锚护,效率低、时间长、劳动强度大;掘进、支护、锚固等工序分步作业,无法连续截割;常规钻机搬迁移位困难;截割煤岩粉尘量较大等。综上所述,共性难题可归纳为采掘失衡、成巷效率低、安全性差等。通过智能化和系统集成不断推进掘进工作面智能化,发展一体式智能快掘成套装备,最终实现掘进工作面安全、高效、少人,甚至无人。

3.1 智能快掘装备简介及工法特点

3.1.1 智能快掘装备简介

智能快掘装备不仅要实现掘锚平行作业,还要实现截割、装载、临时支护、锚杆支护等工序的平行作业。

智能快掘技术采用掘锚分离、平行作业、连续运输的理念,通过临时支护系统和自动化锚杆作业系统能够及时主动支护暴露的顶板和两帮。掘锚机自动截割功能开启时开始运行。掘锚机位置信息被反馈且其满足要求后,开启运输系统。运输系统动作后,通过检测运输系统运行反馈的信号,胶带连续机、锚杆台车刮板机、掘支锚运探一体式智能快掘成套装备刮板机、装载装置依次启动。这就实现了掘进、支护和运输的一体化连续作业,大大提高了掘进作业效率。

在掘进机掘进的同时利用后方多组自动化锚杆钻臂实现多排多臂分段平行钻眼作业,从而实现"掘锚同步、平行作业"。掘进工作面采用一体化树脂锚杆对围岩进行支护。利用超前支护系统稳定支撑巷道迎头顶板,由掘进机机载锚杆钻机打设巷道顶部两侧4根锚杆,以及两帮上面各2根锚杆;后方锚杆台车行走至该位置时完成剩余锚杆作业,以形成"空间交叉、快速推进"智能快掘作业线。

开发出中央智能化集控平台,实现掘支锚运探一体式运行、锚杆钻车与连续胶带机运输系统电气联锁、高度协同控制、故障诊断和实时全流程闭环控制、可视化监控等功能,为成套装备可靠运行提供技术保障;同时以工程质量中的巷道成形、支护质量、围岩应力为着力点,利用质量监测手段,构建出一套从巷道开挖到竣工的工程质量验收标准,营造出安全友好的作业环境。

智能快掘工法不仅适用于煤巷顶、底板较稳定的中厚近水平煤层条件下的大断面单巷掘进,同时也适用于煤巷围岩破碎、矿压显现剧烈、含夹矸煤层等复杂开采条件下的大断面掘进。智能快掘工法可以在顶板暴露后及时安装锚杆,使锚杆支护质量大幅提高,使围岩支护效果显著改善。该工法具有很强的可行性和适用性。

3.1.2 智能快掘工法特点

1. 安全体系健全可靠

(1)在"本质安全型装备"的基础上,打造"人少则安"的安全高效智能掘进作业线。

(2)空顶距小。单循环步距为1 m,这有效减小了空顶范围,有利于顶板管理。

(3)工艺循环为"两掘一探"。采用超前钻探有效预防了矿井水害,保障掘进工作面的施工安全。

2. 掘进速度稳快兼备

(1)适应性强。该工法已应用于122108工作面主、辅、回风平巷及小保当1号矿井的112203工作面胶、辅平巷。其掘进效果显著。其中122108工作面回风平巷应力集中,巷道垮帮严重,采用该工法时仍能顺利完成任务,且取得较好的掘进成绩。

（2）巷道掘进速度快。该工法已应用于 122108 工作面主、辅、回风平巷及小保当 1 号矿井的 112203 工作面胶、辅平巷。采用该工法时，单循环耗时为 15 min，单日进尺突破 91 m，单月进尺突破 2020 m。

3. 围岩即控系统优良

（1）及时、快速、可靠的临时支护和锚网支护可以有效减少顶板、两帮的早期变形，保证围岩稳定。

（2）通过建立"空间交叉、快速推进"协同支护平行作业体系，大大缩短支护施工时间，为煤巷快速掘进提供有力的技术保障。

（3）支护材料轻质可靠。采用一体化"树脂锚杆＋塑钢网"进行支护，能够保证巷道支护强度。

4. 作业环境低噪少尘

（1）作业人员可以在封闭式中央集控室进行远程操作，能有效地阻隔工作面机组作业产生的噪声侵害，同时实现了人员与粉尘零接触作业。

（2）工作面采用智能变频风机。该风机可自动调节工作面风量，保证工作面新鲜风流持续稳定补给。

5. 智能化开发集成高效

与快掘设备机组匹配开发的智能集控系统，能够实现在其系统内远程操控，能够形成机组定位导向、自动行走、一键启动、自动截割、自动支护、连续输送为一体的智能化作业线，能够实现高效率、相互配合、自动化快速掘进作业。

6. 工程质量表里兼优

（1）该工法可实现一次截割成巷，且巷道成形好，顶平、帮平、底平、巷直、胶带直，即"三平两直"。

（2）该工法支护效果好。高预紧力高强度锚网索支护系统能够及时主动支护巷道围岩，保证巷道围岩安全稳定。

7. 运输系统连续长控

运输系统具有以下 4 大特点。

（1）带式输送机胶带能够实现 6000 m 连续运输。

（2）带式输送机可控变频，能够为负载提供优越的控制性能。运输系统运输负载稳定可靠,保证生产连续性。

(3) 带式输送机可实现多点控制。当发生紧急情况时,可立即制动带式输送机。

(4) 带式输送机移动底盘通过电控系统控制,能够实现自动行走。

8. 配套工程减量增效

(1) 智能快掘设备可施工于硐室、措施巷,提高掘进效率。

(2) 采用该工法时,成巷周期短,进而作业周期也短。

(3) 后配套工程量小,无须布置移变硐室及转载点等。

9. 组织管理精细卓越

(1) 在区队人才培养方面采用多方面、多节点、全工位的科学管理,能够达到精准质优的培养效果。

(2) 采用该工法时,人员配置少,工人劳动强度低。

(3) 采用该工法时,人机匹配优。这改善了人员机组的受限空间,实现了人机和谐。

10. 掘进系统本少效优

(1) 采用该工法时,巷道支护与维护成本低,支护材料运输量与费用少。

(2) 采用该工法时,工效高、成巷周期短、单进水平高。相较于传统工艺,其工效提高了 2.5 倍。

3.1.3 智能快掘成套装备工作模式

掘支锚运探一体式智能快掘成套装备实现掘进工作面全工序智能化控制、掘锚平行作业,掘进工作面迎头人员不超过 5 人,月进尺不低于 500 m,并达到《内蒙古自治区煤矿智能化建设基本要求及评分方法(试行)》85 分以上和《国家能源集团煤矿智能化建设指南》中级标准。

掘支锚运探一体式智能快掘成套装备中,多功能悬臂式掘进机可实现巷道掘进、出料及锚杆的支护;掘探一体机可提高钻探效率,降低劳动强度。带式转载机与迈步式自移机尾重合搭接,保障连续掘进;迈步式自移机尾可实现机尾自移,自动延伸带式转载机。锚杆锚索钻车可实现锚杆、锚索的补强支护。无轨胶轮车可实现巷道物料、设备及人员的运输。智能探测设备可探测未掘巷道地质情况。除尘系统可在很大程度上控制和处理工作面粉尘。智能控制系统可对成套装备进行供配电、协同控制、远程监控等。

通过集掘进、支护、锚固、运输于一体的悬臂式掘进机高效成套系统，可有效推进掘进工作面全工序机械化，后配套设备快速跟进，降低工人劳动强度，减人增效，实现掘、支、锚、运、探连续作业，提高掘进效率与作业安全性，在一定程度上解决了掘进工作面采掘失衡、成巷效率低、安全性差等难题。

基于装备成套化、监测数字化和控制自动化的"三化"理念，提出掘支锚运探一体式智能快掘成套装备（见图 3-1-1），该装备由掘支锚运探一体化作业平台、动力中心、集控仓、地面集控中心、泡沫除尘装置及除尘风机、桥式转载机、自移式皮带机尾等组成。自移式皮带机尾可以实现自动行走及纠偏。掘支锚运探一体化作业平台可以实现绝对定位，自移式皮带机尾可以实现相对定位。掘支锚运探一体化作业平台配备 4 台顶锚杆机（2 台锚索机、2 台锚杆机）、2 台帮锚杆机，锚杆施工具备钻孔与锚杆预紧等自动施工功能，锚索机施工具备自动钻孔与自动送索功能。掘支锚运探一体化作业平台为成套装备中的执行单元，具有截割、支护、行走、钻探、铺网等功能。其动力所需的液压系统、水路系统、电气系统集成为动力中心，操作台由集控仓代替，动力中心和集控仓采用箱形结构通过铰接方式与桥式转载机端部连接，底部设有滚轮，同桥式转载机一体在自移式皮带机尾上滑动，桥式转载机安装电缆槽，管路及电缆等随机移动。

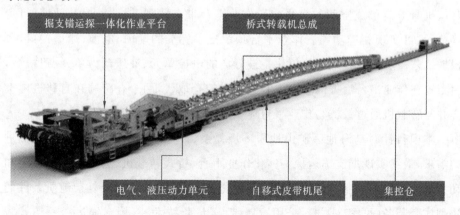

图 3-1-1　掘支锚运探一体式智能快掘成套装备

掘支锚运探一体式智能快掘成套装备遵循了几何尺寸配套、设备能力配套、动作时序配套的总体原则,实现掘锚平行作业,大幅提高机械化、自动化水平。

掘支锚运探一体化作业平台(见图 3-1-2)采用可深缩全宽截割头,滑移机构推动截割头向前掘进,设备本体不动;采用可深缩全款装载装置。其配备 4 台顶锚杆机(2 台锚索机、2 台锚杆机)、2 台帮锚杆机,同时配备超前钻机,顶铺网装置、帮铺网装置,可实现掘支运协同作业。

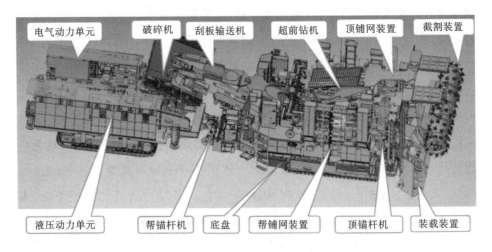

图 3-1-2 掘支锚运探一体化作业平台

掘支锚运探一体化作业平台将传统的机载电控单元、液压动力单元、司机台从机身分离形成空间的上平台。作业平台带有截割、锚钻、支护、钻探、行走等单元,可实现相应功能。作业平台预留出了标准的动力、电源、通信接口,可根据工艺需求搭载相应功能模块。被分离的电控单元、液压动力单元、司机台,由布置在作业平台后方的动力中心仓和集控仓取代,两个仓跨骑在自移机尾上方并与转载机通过铰链与作业平台连接,可随作业平台移动。

本项目针对乌海地区矿山地质环境复杂、灾害严重的情况,满足智能掘进的需求,最终实现掘支锚运探一体化作业平台、桥式转载机、迈步式自移机尾和动力单元的协同控制,以及自动化、智能化施工;研发了适用于复杂地质条件的快掘成套装备(见图 3-1-3),采用宽履带、轻量化技术,将掘支锚运探一体式智能快掘成套装备的接地比压降至 0.17 MPa。掘锚机进行截割,以及顶部、帮部锚杆支护作业;转载机破碎均匀转载;可变曲带式输送机和迈步式自移机尾组成柔性连续运输系统,完成截割落煤的连续转载;系统集成了截割、装载、运输、钻锚、钻探、除尘等功能。

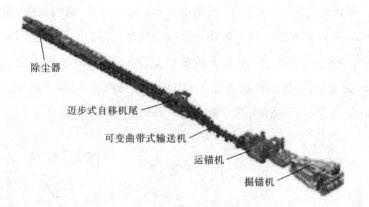

除尘器

迈步式自移机尾

可变曲带式输送机

运锚机

掘锚机

图 3-1-3 复杂地质条件下的快掘成套装备

3.2 掘支锚运探一体化作业平台研究与应用

3.2.1 掘支锚运探一体化作业平台组成

快掘成套装备在选型过程中和设备配套时应遵循的原则有:①所选掘支锚运探一体式智能快掘成套装备性能参数应与巷道地质条件和掘进工艺相符;②掘支锚运探一体式智能快掘成套装备的选择必须与现有支护匹配,必须在设备选型前对现有的支护条件进行优化,以支定掘、以掘调支。结合以上原则,选择 EJM270/4-2 掘锚一体机、DZQ100/80/45 煤矿用带式输送机、DWZY1000/1200 迈步式自移机尾来组成快掘设备。

EJM270/4-2 掘锚一体机适应于长壁开采工艺和 20.8~29.25 m² 巷道断面,适用于单轴抗压强度 40 MPa、坡度 ±17° 的煤岩巷道的掘进施工,满足最大宽度(6.5 m)×最大高度(4.5 m)的矩形巷道一次性掘进成形施工条件。

DZQ100/80/45 带式输送机由自移机尾、驱动装置、储带仓、张紧装置、卸载装置、托辊、托辊架、中间架、输送带等组成。履带组件通过张紧油缸进行自适应张紧;当接料段支架中心偏离连续皮带中心一定量时,行程传感器反馈信号,控制器发出动作信号给电磁阀控制油缸进行相应动作,从而进行自动纠偏调节,最终使皮带支架中心与设计中心线重合。

1. 截割系统

截割系统(见图 3-2-1)包含:截割滚筒、截割减速机、截割大臂、截割电机。截割电机功率为 270 kW,截齿数量根据截割宽度灵活设计,通过更换截割滚筒伸缩部,实现最大 6000～6500 mm 的截割宽度,大臂升降油缸可实现－180～4500 mm 截割高度,掘槽油缸实现 0～1000 mm 掘槽,并装有多种传感器,可实时显示截割高度、截割宽度、进刀量、截割功率等参数。

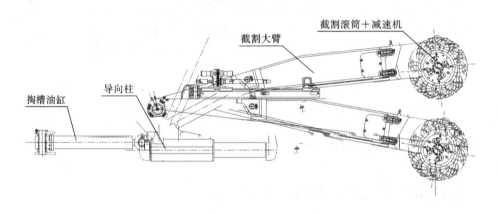

图 3-2-1 截割系统

2. 行走系统

行走系统(见图 3-2-2)包含:履带架、履带板、驱动装置等。底盘技术参数见表 3-2-1。

3. 锚杆支护系统

锚杆支护系统包含顶锚杆机、帮锚杆机、顶锚杆机前后摆动装置、顶锚杆机左右摆动装置、帮锚杆机前后滑移装置、帮锚杆机上下滑移装置。当顶锚杆机和帮锚杆机处于垂直状态时,前后间距为 1800～2000 mm。基于自动支护装置的合理布局,研发配套智能锚护系统的新型支护工艺和锚护装置,确保实现减人增效,其中,顶锚杆机和帮锚杆机技术参数分别见表 3-2-2 和表 3-2-3。

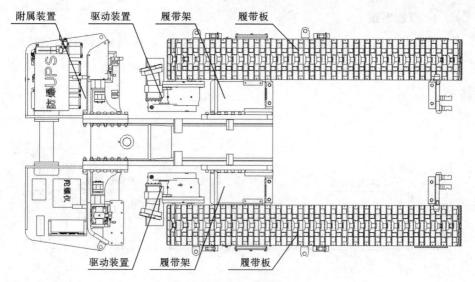

图 3-2-2　行走系统

表 3-2-1　底盘技术参数

驱动方式	静液压驱动,液压马达＋减速机
行走速度	0～12 m/min
履带尺寸	宽度 880 mm,接地长度 3360 mm
对地比压	截割与支护作业时为 0.22 MPa,行走时为 0.17 MPa

表 3-2-2　顶锚杆机技术参数

顶锚杆机数量/台	4	额定转速/(r/min)	550
最大进给速度/(m/min)	0～20	扭矩/(N·m)	300
最大推进行程/mm	2600/1800	锚杆的紧固力矩/(N·m)	300
最大推力/kN	28	钻孔方式	湿式

表 3-2-3　帮锚杆机技术参数

帮锚杆机数量/台	4	前后滑移距离/mm	200
最大推进行程/mm	1600	上下滑移距离/mm	900
最大进给速度/(m/min)	0～20	锚杆的紧固力矩/(N·m)	300
最大推力/kN	28	钻孔方式	湿式

4. 运输系统

运输系统(见图3-2-3)包含铲板、铲板提升油缸、前段刮板机、中部刮板机、摆动刮板机、摆动油缸等。装载装置和运输机的技术参数分别见表3-2-4和表3-2-5。

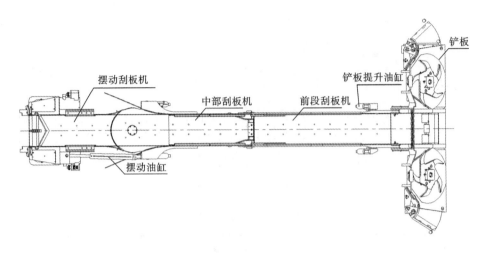

图 3-2-3 运输系统

表 3-2-4 装载装置技术参数

收集和装载装置形式	带两个装载星轮,装载铲板为液压伸缩式
铲板宽度/mm	5000~5400
星形轮速度/(r/min)	50
驱动方式	液压马达驱动
驱动功率/kW	2×42

表 3-2-5 运输机技术参数

运输能力/(t/min)	25
驱动方式	"电机+减速机"驱动
驱动功率/kW	2×36

5. 超前钻机系统

煤矿安全规程要求煤矿巷道掘进前必须进行瓦斯与水的探测,通常采用纵轴式掘进机配套煤矿用坑道钻机,实现深长孔的钻探。施工时,掘进机撤离掘进工作面,坑道钻机行驶至掘进工作面开始施工,工序相对繁杂,且工作区域未支护,存在较大安全隐患。此外,钻杆直径较大导致劳动强度大。由于掘支锚运探一体式智能快掘成套装备等横轴式掘进机的装载装置及截割装置宽度尺寸基本略小于巷道宽度,常规煤矿用坑道钻机无法通过掘进机进行超前钻探,因此将超前钻机集成在掘支锚运探一体式智能快掘成套装备截割大臂上,如图3-2-4 所示。超前钻机通过滑移机构在大臂上方前后滑移,切换截割状态和超前钻探状态,钻探施工时从大臂后部滑移至掘进迎头,截割时滑移至大臂后部,不影响截割施工。

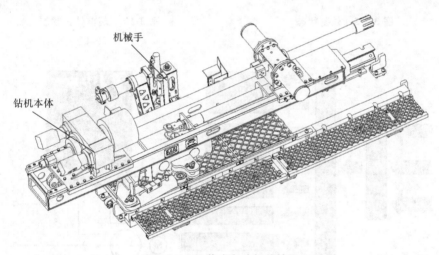

钻机本体

机械手

图 3-2-4 机载式自动超前钻机

自动超前钻机由滑移机构、超前钻机和自动接杆机构组成。超前钻机通过机载滑移机构可以实现左右水平摆动以及前后滑移,通过大臂俯仰动作可以实现上下俯仰,以满足掘进工作面超前钻探的孔位和角度要求。滑移机构通过 V 形滑轨连接,用于实现前后滑动以及固定功能,提升滑移稳定性,增大安全系数。截割状态和超前钻探状态分别如图 3-2-5 和图 3-2-6 所示。

6. 润滑系统

掘支锚运探一体式智能快掘成套装备润滑系统(见图 3-2-7)由自动供油与手动供油两部分组成。自动供油是通过多点柱塞泵自动供 EP2 润滑脂给滑移架支柱、大臂上下铰点;而手动供油是通过各黄油嘴供润滑脂给各销轴、铰点。

润滑泵采用液压马达驱动美国林肯 P215 多点柱塞泵,其容积为 10 L,柱塞数量为 8 个,每个柱塞排量为 0.23 mL,排量调节范围为 25%~100%。

 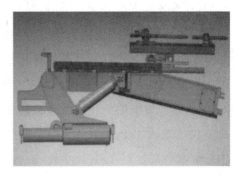

图 3-2-5　截割状态　　　　　　　　　　图 3-2-6　超前钻探状态

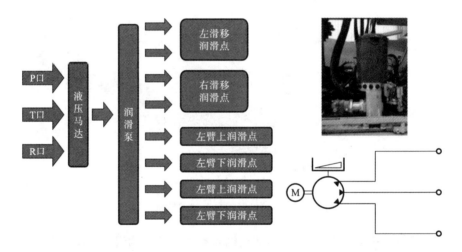

图 3-2-7　润滑系统框架图

3.2.2　智能快掘成套装备核心技术

　　限矩器、转矩轴、电气三重截割过载保护技术,有效地提升了开机率;千伏级履带交流变频调速技术,有效提升了逃逸性能,且整机接地比压低至 0.17 MPa,破解了底板适应性难题;EJM 系列掘支锚运探一体式智能快掘成套装备采用多钻机大行程整体滑移技术可较好地适应"三软"等复杂地质条件,临时支护需集成顶、帮铺网装置,有效解决高、低片帮等施工难题。智能快掘成套装备核心技术集成超前临时支护、超前钻探、辅助自动上网、泡沫除尘、钻箱集水等功能。

1. 截割及臂架系统

基于掘支锚运探一体式智能快掘成套装备截割滚筒性能关键影响指标(比能耗、载荷波动系数、扭矩均值等)提出博弈论-物元可拓预测截割滚筒综合性能方法,对大断面截割滚筒 3 种布齿方案进行综合性能评价与分析,最终采用综合性能最优的单顺式布齿方式。截割头如图 3-2-8 所示。

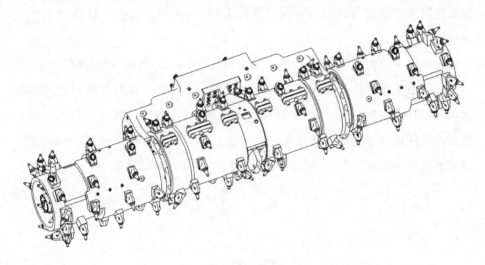

图 3-2-8　截割头

(1) 截割比能耗低。在一定的装机功率下,截割比能耗越低,生产效率越高。而为了降低比能耗,必须提高大块煤的产出率,降低煤粉率。

(2) 工作可靠性高。截割滚筒的可靠性与其参数、结构、材料、制造工艺、工况条件以及开采的煤层性质有关。其主要失效模式是齿座和叶片开焊、叶片及齿座磨损、叶片和端盘变形、截齿折断或丢失等。

(3) 载荷波动系数小。截割滚筒的载荷波动系数不应超过 3%～5%,以使其工作平稳,保证传动件的使用寿命。

(4) 具有自开切口功能。截割滚筒的结构应保证掘锚机在工作面两端工作时能自行切入煤壁,尽量减小或自平衡轴向力。

（5）便于截齿装拆。当掘锚机截割较硬的煤岩体或截割断层时，截齿往往会过度磨损、折断或丢失，设计应有利于截齿的拆装，以保证工作效率。

（6）良好的破煤和装煤能力。截割滚筒的破煤与装煤能力应协调一致，以保证落煤的块度和装煤效率。

2. 自动锚护技术

传统锚杆支护施工流程较为复杂，先用钻杆在待支护煤壁上钻孔，将树脂锚固剂塞入孔中，装入锚杆，搅拌，等待凝固，装上托盘、螺母，然后预紧。需要不断更换钻机上的转换接头，整个过程复杂，增大了智能化施工的难度。研究智能锚杆机首先需要研究一种新型锚杆支护工艺，因此提出一种自钻进中空锚杆。

自钻进中空锚杆（见图 3-2-9）主要由锚杆体、钻头、垫板、六角螺母等组成。中空锚杆工作过程是在成孔后由钻机回转机构带动六角螺母将锚杆送入锚孔内，通过回转机构内孔向锚杆体内部注入高压水，由高压水推动密封活塞将锚固剂从锚杆体内部完全推到锚孔内。回转机构能够实现中空锚杆推进和锚固剂旋转搅拌的同步工作，且锚固剂在搅拌过程中将逐步凝固。

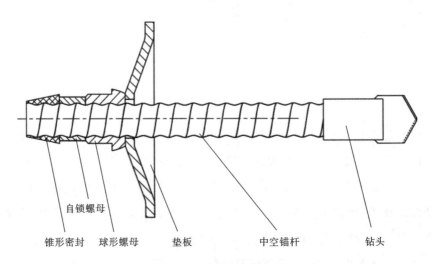

自锁螺母

锥形密封　球形螺母　　垫板　　　　中空锚杆　　　　钻头

图 3-2-9　自钻进中空锚杆

3. 智能锚杆机

智能锚杆机（见图 3-2-10）由钻机本体、回转机构、锚杆机械手、钻杆机械

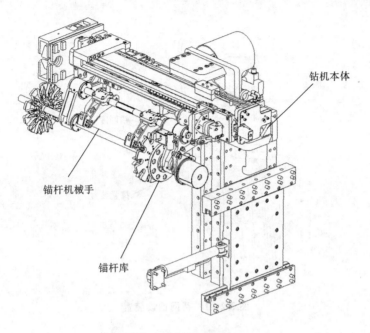

钻机本体

锚杆机械手

锚杆库

图 3-2-10　智能锚杆机

手、锚杆库组成。锚杆机械手和钻杆机械手与钻机本体通过定位销和螺栓连接,增强机身整体刚性,保证钻杆、锚杆摆回时与回转机构的对中性。其工作原理是:锚杆机械手从锚杆库中抓取自钻进中空锚杆装到回转机构输出轴上,回转机构将自钻进中空锚杆施工到煤层壁内,然后通过可泵送注浆系统将锚固剂推入孔内并搅拌混合,最后拧紧螺母,完成整个锚杆的自动施工。

4. 自动铺网技术

顶锚网和帮锚网的铺设由自动铺网装置完成,操作人员提前卷好网卷,放置在铺网装置内,随着掘支锚运探一体式智能快掘成套装备自动行走,网片自动展开并贴紧巷道侧帮和顶部,顶网铺设装置设置在顶锚杆机前,帮网铺设装置设置在帮锚杆机前。帮网铺设装置(见图 3-2-11)由锚网库、撑紧装置、撑杆组成。

顶网铺设装置(见图 3-2-12)布置在临时支撑上方、顶锚杆机前部,由撑顶装置、锚网库等组成。撑顶装置直接作用于巷道顶部,为临时支撑提供支撑力。

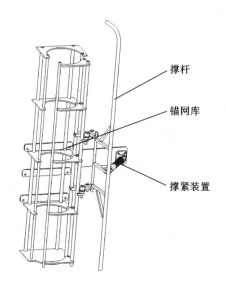

撑杆

锚网库

撑紧装置

图 3-2-11　帮网铺设装置

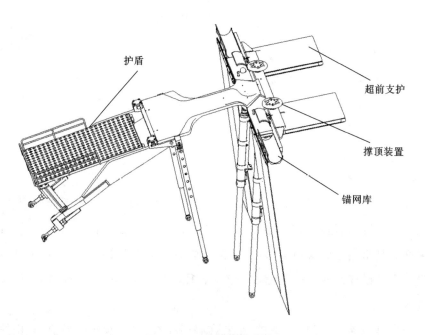

护盾

超前支护

撑顶装置

锚网库

图 3-2-12　顶网铺设装置

3.2.3　智能快掘成套装备系统构成

1. 智能定位系统

智能定位系统(见图 3-2-13)由惯性导航、机载里程计、激光测量、超宽带测距等单元组成。惯性导航单元可测量俯仰角、滚动角、偏航角及三向加速度、角速度。机载里程计单元可测量作业平台行走机构运行的绝对行程。激光测量单元可测量装备相对巷道空间位置信息。超宽带测距单元可测量标定点相对巷道参考点的距离信息。其中,惯性导航单元水平姿态角精度小于或等于0.02°、偏航角精度小于 0.1°、寻北时间小于或等于 5 min、数据更新频率大于或等于 200 Hz,并具备自标定、自检测、自对准功能。机载里程计单元分辨率大于或等于 28 bit,支持最高转速 6000 r/min。激光测量单元分辨率小于或等于1 mm,响应时间小于或等于 100 ms。超宽带测距单元最大测量距离大于或等于 100 m、精度小于或等于 3 cm。系统综合定位精度小于或等于 5 cm,反馈频率小于或等于 100 ms。

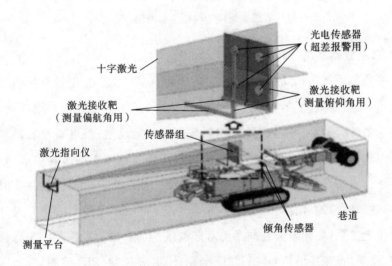

图 3-2-13　智能定位系统

智能定位系统具备强抗干扰能力,能够在高粉尘、低能见度的工况下,通过基于卡尔曼滤波的多源信息精确融合与干扰剔除算法,依靠自身传感器保障实时定位系统可靠运行,保证成套装备的单班连续工作。同时它还具备校准与修正功能,工作人员可按照施工需要,根据现场辅助测量结果,通过输入空间绝对定位坐标或偏差修正量两种方式,随时修正定位误差,并快速应用到作业工序中。导航控制原理如图 3-2-14 所示。

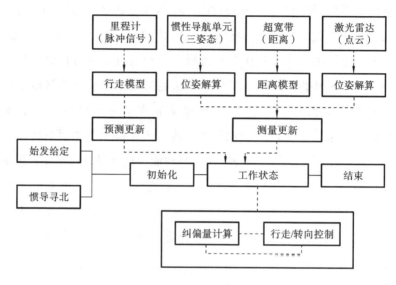

图 3-2-14　导航控制原理

2. 自主截割系统

自主截割系统由振动传感器、压力传感器、位移传感器、电流互感器等多种传感器组成。位移传感器安装于伸缩油缸内部,用于检测大臂掏槽深度;内置位移传感器的大臂举升油缸,精确控制截割滚筒运动轨迹;电流互感器提供截割电机电流信息;截割头推进和下割的压力传感器检测截割过程中煤岩硬度;振动传感器安装在截割大臂,提供振动/音频反馈信号。以掘进装备实时定位为基准,通过对截割臂姿态运动学建模和标定,自动计算截割滚筒与设计巷道的相对位置关系,实现电液控制系统对截割滚筒的精准位置控制。实时监控截割电流、振动/音频反馈信号,通过比例、积分、微分控制(PID 控制)自动匹配最佳的截割参数(如进刀量、进刀速度、截割转速等),实现精确高效的巷道断面自动成形截割控制,巷道断面自动成形控制精度小于或等于 10 cm。自主截割系统根据截割电流、振动/音频反馈信号和深度学习模型,自动判定空载、割煤、割矸等工况,在三维模型中图形化显示智能预测结果,辅助决策截割煤层夹矸分布情况,辅助反馈控制掘进坡度。

3. 锚护系统

锚护系统主要包括自动锚杆机、自动铺网装置。自动锚杆机关节部位装有倾角传感器、位移传感器用于测量锚杆机姿态位置。锚护系统以位姿精确导航为基准,融合关节部位传感器的实时位置信息,自动计算当前锚杆机位置,具有锚孔自动定位、钻机自动钻孔、自动装卸钻杆、自动安装锚杆等功能。控制器实时监测锚杆机当前工序,具有钻机工况在线监测、故障诊断等功能。自动铺网装置具有自动铺网功能。锚护系统具有锚固质量监测功能,可在施工过程中使用定位信息自动推算出锚杆位置,并实时记录锚杆位置、深度、角度、预紧力,生成锚护日志,结合人工测量的锚固质量监测报告,综合管控锚护质量。

4. 超前地质探测系统

掘支锚运探一体式智能快掘成套装备具备超前地质探测系统(见图 3-2-15):掘进过程中,在掘进机后方一定区域内安装若干地震传感器,实时采集、在线传输地震波信号,实现掘进前方隐蔽地质构造的高精度监测。超前地质探测系统具有实时、连续分析巷道前方地质构造的功能,探测和掘进同步,不影响生产;具有构造预报功能;具有数据采集、上传功能,自动采集、记录实时探测信息,并

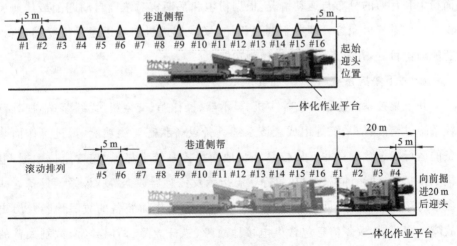

图 3-2-15　超前地质探测系统

可以将实时探测信息上传至井下集控系统集中显示;要求日报、周报和月报报表报送,并能与矿方建设的透明地质系统信息互通。

5. 自动控制系统

自动控制系统配备油箱油温、液位、进水流量、进水压力、电机综合保护装置等多种类型传感器,用于设备工作状态的实时监测,采用专门针对行走设备、运动机械进行控制的EPEC控制器作为控制核心。在掘进机作业过程中,通过多种传感器可以对铲板星轮、履带、滚筒、截割电机、油泵电机的工作状态及油箱油温、油箱液位等进行实时监测,及时获取设备关键环节健康状态参数和数据,实现设备关键环节早期微弱故障的高效预示与诊断。自动控制系统具有数据上传及远程控制功能,可将工作面设备的运行工况、故障信息、视频监控画面等上传至集控中心,实现设备工况在线监测、视频远程集中监控、单机可视化操控。自动控制系统还具有运输设备远控/就地切换功能,可随时切换到就地操作模式,确保生产不受到影响。

6. 掘进工作面环境监测治理系统

掘进工作面环境监测治理系统具备对掘进工作面环境(粉尘、瓦斯)及除尘风机工作状态的实时监测功能,可实现数据上传、超限报警;具备与整机智能联动功能,通过分析不同工况下的工作面风流运动特性建立三维模型,显示工作面粉尘和瓦斯的分布与运动情况,根据粉尘和瓦斯实时浓度自动匹配最佳通风参数。该系统可兼容管理井下通风设施,实现掘进机与巷道通风机联动,达到智能降尘目的,并具备远程集中控制功能。

7. 井下集控系统

井下集控系统主要由监控主机、显示器、操作箱、交换机、无线基站、视频监控系统、语音通信系统等组成。该系统具备设备状态监测功能,掘进工作面装备的运行状态数据在井下集控系统与地面集控系统上显示,包含定位数据,电机工作状态、油箱油温、液位,急停状态指示及传感器数据等。该系统具备这些参数的存储、查询、拷贝、上传功能;具备对掘进工作面装备的故障诊断及历史故障查询功能,故障信息包含供电接地故障、锚杆故障、油温异常、截割大臂的推进压力故障、截割大臂的滑移传感器故障、集控室网络故障等信息。该系统具备对掘进工作面装备的保养预警功能,通过对设备进行工作状态监测和故障自诊断,结合给定设备部件的使用寿命,定期弹出设备各部件磨损程度和维修保养的提示。

井下集控系统具备整个掘进工作面装备的远程集中控制功能,可通过组态软件开发整个掘进工作面的联合控制系统,包括对通风、排水、供电、除尘等系统的控制。为保证控制指令及时有效,该系统同时具备 Wi-Fi、5G、以太网电口及千兆光口等多种通信接口,为实时监测和控制提供冗余可靠的通信方式,确保井下远程集中控制响应时间不超过 100 ms。该系统具备对截割、支护、输送关键作业区域的视频监控与处理分析功能。视频监控系统适应工作面粉尘环境,云台摄像仪光学变焦不低于 4 倍,具备自清洁、低照度、红外补光等功能。视频监控系统的监控主画面能够根据工序自动切换摄像头,其他画面对各个摄像头进行轮播。视频监控系统具备工作面视频画面抓图、录像、回收、存储,以及云端访问实时视频流数据功能。

8. 全景环视系统

全景环视系统由摄像仪、显示器及影像装置主机组成。通过在装备前后左右安装多个超广角摄像头,同时采集装备周边的实时影像,运用图像处理矫正和无缝拼接技术,形成装备周边 360°的立体视图,实现对装备周边情况的实时监测,用以保障作业人员安全、提高设备生产效率。360°全景环视系统具备远程推流功能,实现井下集控室与地面调度中心的监控显示。

9. 地面集控系统

地面集控系统(见图 3-2-16)主要由地面监控主机、显示器、交换机、硬盘录像机、操作台等组成,其中,监控主机处理器为 i7、6 核、最大频率不低于 3.0 GHz、16 GB DDR4 内存、1 T 机械硬盘、带 DVD 光驱或更高配置,使用正版系统。显示器采用高清全面屏,不小于 27 寸,显示界面适配分辨率不低于 1080P,并配有可调支撑架。小型千兆以太网交换机至少配备 2 个千兆光口及 6 个千兆网口,用于接入以太网设备和终端。硬盘录像机用于存储井下掘进工作面关键区域的高清视频图像,存储时间不短于 1 个月。地面集控系统具备对掘进信息自动采集、储存、回放功能,以及对掘进工作面装备的远程监测控制功能;预留以太网电口及千兆光口等通信接口,用于接入其他系统和终端。地面集控系统具备三维重建与模型驱动功能,结合掘进设备姿态、运行工况信息,实现掘进工作面施工场景高精度、实时再现;可根据掘进过程中的实际地质信息与工程信息对三维地质模型进行修正,并进行实时动态加载。

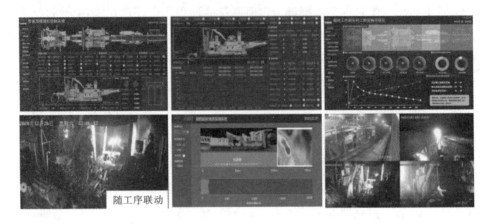

图 3-2-16　地面集控系统

10. 防人员接近系统

防人员接近系统主要由读卡分站、交换机、网络摄像仪、声光报警器、标识卡组成。读卡分站安装于装备两侧靠近前方的位置,用于测量携带标识卡人员位置信息;网络摄像仪具备内置 AI 分析功能,可识别摄像区域内人员数量信息及人员违规信息。防人员接近系统根据超宽带测量到的人员位置信息及网络摄像仪采集到的人员信息,自动判断每一个作业区域内人员数量与对应权限,以及是否有违规未携带卡的人员。该系统具有权限设置功能,利用声光报警器对闯入电子禁区的人员发出不同报警信号。另外,该系统可输出对应的开关触点信号,以控制装备预警、停止行走或紧急停机。

3.2.4　智能快掘成套装备性能与结构

1. 截割机构进给速度与截割速度的匹配性研究

截割机构在进给和截割过程中,进给速度和截割速度必须进行科学合理的匹配,截割才能平稳,才能保证掘锚机上钻锚工作的平行进行。经过多次试验和分析研究,结合煤层硬度情况,通过优选不同长度截齿、调整掘锚机伸缩油缸伸缩速度,获得合理的匹配速度。

2. 掘进工作面多机协同控制研究

基于矿用高精度超声波和激光传感器,建立多机精准定位体系及协同控制算法,实现掘锚一体机锚、运、破和后部桥式转载机的自动运行。采用超声波和激光测距传感器组合感知方法,实现对多级相对位置的精确测量。协同控制技术原理如图 3-2-17 所示,该技术可实现多设备截割、支护、运输和通风一体化智能协同控制,自移机尾自主移动,运输系统联动控制,设备集中供电、集中控制,保证多个具有相对运动关系的移动设备的行走一致性。基于设备位置信息和状态信息,进行多设备之间的信号交互和联锁控制。监测可弯曲输送机与自移机尾的相对距离,以及自移机尾、锚索钻和掘进机等相对位置关系。监测设备的运行状态信息,实现所有设备"一键启停",实现逆煤流启动、顺煤流停机。

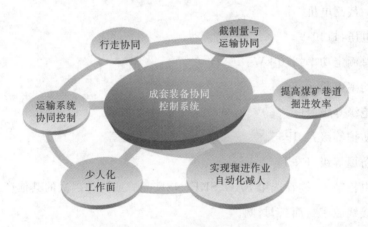

图 3-2-17 协同控制技术原理

3.3 掘支锚运探一体式智能快掘成套装备相关参数

3.3.1 掘支锚运探一体机技术参数

(1) 适用于巷道尺寸:高度 4.2 m、宽度 5.4 m。

(2) 适应倾角:行走时横向±4°、纵向±17°;截割时横向±4°、纵向±12°。

(3) 截割滚筒卧底深度:170 mm。

（4）机身地隙：300 mm。

（5）截割硬度：单向抗压强度小于或等于 40 MPa 的煤，单向抗压强度小于或等于 80 MPa 且厚度小于或等于 300 mm 的夹矸。

（6）生产能力：装载 25 t/min，截割 22 t/min。

（7）供电电压：1140 V。

（8）截割范围：截割高度为 4.0～4.2 m，截割宽度为 5.0～5.4 m。

（9）截割部。

① 截割减速箱结构：铸造壳体。

② 安全系数：≥2.2。

③ 减速箱注油方式：手动注油。

（10）截割滚筒直径：1150 mm±11.5 mm。

（11）截割电机。

① 电压：1140 V。

② 总额定功率：270 kW。

③ 功率因数：0.86。

④ 绝缘等级：H。

⑤ 防护等级：≥IP55。

⑥ 防爆等级：ExdI。

⑦ 电机轴承：推荐选用 FAG、SKF、NSK 品牌或同等档次的其他产品。

⑧ 接线腔密封面：密封圈。

（12）收集和装载装置。

① 收集和装载装置形式：带两个装载星轮，装载铲板为液压伸缩式（装载装置可随截割臂向前滑移 500 mm）。

② 装载装置驱动方式：液压马达驱动。

（13）运输机。

① 运输能力：25 t/min。

② 槽宽：760 mm。

③ 运输机转动角度：摆动机尾水平摆动角为±45°。

④ 运输机电机。

a. 电压:1140 V。

b. 绝缘等级:H。

c. 防护等级:≥IP55。

d. 防爆等级:ExdI。

(14) 行走部。

① 行走方式:履带式。

② 驱动装置数量:2个,独立可控。

③ 平均对地比压:行走时小于或等于 0.17 MPa。

④ 行走减速机。

a. 结构:铸造壳体。

b. 齿轮精度:详见 GB/T 11365—2019 和 GB/T 10095.2—2023。

(15) 临时支护。

① 支护高度:3.6~4.3 m。

② 最大支撑力:2×200 kN。

③ 最大支护面积:400 mm×3000 mm。

④ 临时支护需集成顶网铺设装置。

⑤ 顶铺网卷网存储量:5 m。

⑥ 帮铺网卷网存储量:10 m。

(16) 液压系统。

① 液压油泵。

a. 油泵数量:4个。

b. 油泵类型:3个柱塞泵,1个齿轮泵。

c. 泵 1 额定压力:≥28 MPa。

d. 泵 1 排量:≥360 L/min。

e. 泵 2 额定压力:28 MPa。

f. 泵 2 排量:≥360 L/min。

g. 泵 3 额定压力:30 MPa。

h. 泵 3 排量:≥195 L/min。

i. 泵 4 额定压力:10 MPa。

j. 泵 4 排量：≥60 L/min。

② 油泵电机主要技术参数。

a. 总功率：200 kW。

b. 额定电压：1140 V。

c. 额定转速：1480 r/min。

d. 绝缘等级：H。

e. 防护等级：≥IP55。

f. 防爆等级：ExdI。

g. 冷却方式：水冷式，水压小于或等于 3.4 MPa。

（17）泡沫除尘＋水雾对冲。

① 泡沫箱容量：300 L。

② 除尘耗气量：40～100 m³/h。

③ 供气压力：0.5 MPa。

④ 供水压力：0.6 MPa。

⑤ 发泡剂用量：5～15 kg/h。

⑥ 发泡倍数：30～99。

（18）锚钻系统。

① 最大进给速度：8 m/min。

② 最大推力：28 kN。

③ 钻箱最大扭矩：300 N·m。

④ 额定转速：500 r/min。

⑤ 钻机数量：6 台。

⑥ 钻机控制：包括电液控制和手动操作控制两种方式。

⑦ 钻机机械手摆动轴扭矩：343 N·m。

⑧ 集成锚杆库可存储锚杆数量：8 根。

（19）超前钻机。

① 左右摆动角度：±20°。

② 最大输出扭矩：3200 N·m。

③ 最大推进力：45 kN。

④ 最大起拔力:90 kN。

⑤ 给进速度:0～18 m/min。

⑥ 钻孔深度:120 m。

⑦ 钻头直径:75 mm。

(20) 煤矿用带式转载机技术参数。

① 运输能力:800 t/h。

② 总长度:60 m。

③ 供电电压:1140 V。

(21) 迈步式自移机尾技术参数。

① 总长度:40 m。

② 单元长度:2740 mm。

③ 适应皮带宽度:1000 mm。

④ 移动步距:1000 mm。

⑤ 左右调偏行程:250 mm。

⑥ 抬高行程:250 mm。

⑦ 适应坡度:12°。

⑧ 有效承载重量:10 t。

⑨ 操作方式:遥控/就地/集中控制。

⑩ 自带动力系统和控制系统。

3.3.2　动力单元参数

(1) 主油泵驱动电机参数。

① 型号:YBUS-200A-4(1140)。

② 额定电压:1140 V。

③ 额定电流:130 A。

④ 额定功率:200 kW。

⑤ 额定转速:1480 r/min。

⑥ 绝缘等级:H。

⑦ 防护等级:IP55。

⑧ 工作方式:S1。

⑨ 冷却:水冷式(最小流速为 10 m³/h)。

⑩ 冷却系统最大压力:30 bar。

⑪ 进水口最高温度:35 ℃。

(2)副油泵驱动电机参数。

① 型号:YBUS-132A-4(1140)。

② 额定电压:1140 V。

③ 额定电流:85 A。

④ 额定功率:132 kW。

⑤ 额定转速:1480 r/min。

⑥ 绝缘等级:H。

⑦ 防护等级:IP55。

⑧ 工作方式:S1。

⑨ 冷却:水冷式(最小流速为 10 m³/h)。

⑩ 冷却系统最大压力:30 bar。

⑪ 进水口最高温度:35 ℃。

(3)截割电机参数。

① 型号:YBUS-270A-4(1140)。

② 额定电压:1140 V。

③ 额定电流:171.4 A。

④ 额定功率:270 kW。

⑤ 额定转速:1486 r/min。

⑥ 绝缘等级:H。

⑦ 防护等级:IP55。

⑧ 工作方式:S1。

⑨ 冷却:水冷式(最小流速为 10 m³/h)。

⑩ 冷却系统最大压力:30 bar。

⑪ 进水口最高温度:35 ℃。

(4)刮板电机参数。

① 型号:YBUS-36A-4(1140)。

② 额定电压:1140 V。

③ 额定电流:23 A。

④ 额定功率:36 kW。

⑤ 额定转速:1465 r/min。

⑥ 绝缘等级:H。

⑦ 防护等级:IP55。

⑧ 工作方式:S1。

⑨ 冷却:水冷式(最小流速为 10 m³/h)。

⑩ 冷却系统最大压力:30 bar。

⑪ 进水口最高温度:35 ℃。

(5) 一体式快掘装备动力回路参数。

① 主油泵电机。

a. 功率:200 kW。

b. 电缆横截面积:50 mm²。

c. 电机启动方式:直接启动。

② 副油泵电机。

a. 功率:132 kW。

b. 电缆横截面积:25 mm²。

c. 电机启动方式:直接启动。

③ 截割电机。

a. 功率:270 kW。

b. 电缆横截面积:50 mm²。

c. 电机启动方式:直接启动。

④ 刮板电机。

a. 功率:36 kW。

b. 电缆横截面积:10 mm²。

c. 电机启动方式:直接启动。

3.4 底板起伏工作面窄机身型掘锚机的智能化掘进保障关键技术

3.4.1 窄机身型掘支锚运探一体式成套装备技术

乌海矿区复杂的工程地质条件对井筒、巷道与硐室的掘进及支护造成了不利影响。结合快掘成套装备的关键技术特点(掘支一体化、掘锚平行、快速截割、平行支护、连续运输、综合除尘、协同作业),面向乌海矿区的掘支锚运探一体式成套装备的研发存在下述两个研究难点。本项目创新研发了符合乌海矿区实际情况、满足掘进速度需求的掘支锚运探一体式成套装备,对于提高矿山生产水平和企业经济效益具有重要价值。

研究难点1:空间狭窄。快掘设备的宽度与采掘巷道断面宽度虽然有所差距,但是考虑到输送带搭接转载区域所占用的宽度,这意味着在狭窄巷道内快掘设备的一侧进行搬运时,可用宽度非常有限,最窄处甚至不足1 m。

研究难点2:缺乏合适的辅助运输设备。由于空间狭窄,当掘锚机等设备发生故障或需要更换元件时,缺乏合适的辅助运输设备来解决减速机、泵组等机电设备的运输问题,这给设备的检修和恢复使用带来了困难。

从整个巷道掘进作业的立体布局来看,掘锚机的配套设备包括以下系统:煤和矸石的主要运输系统、材料和设备的辅助运输系统、巷道支护装置、通风和除尘系统、供电系统以及安全监控系统等。掘锚一体化系统中任何一个环节出现故障都可能导致整个生产线停工。当前掘进效率低下的主要原因之一是配套设备不完善,需要进一步改进和扩展主掘锚机的功能。

本项目根据模块化设计的思想,研究掘支锚运探一体式成套装备的模块化设计方法,进行了掘支锚运探一体式成套装备的模块化分。在掘锚机模块化设计过程中,其关键在于设计合理的总体驱动参数,保证各功能模块及辅助模块的快速优化设计。本项目确定了成套装备各模块接口并建立了各功能模块的参数化模型,实现了掘锚机各模块间的调用,最终实现了掘支锚运探一体式成套装备模块化设计方法的应用。

模块化设计与传统设计有根本区别。传统设计主要侧重于简单结构以满足产品功能要求，其目标是完成特定任务并获得经济和社会效益。相反，模块化设计采用一种不同的方法，它通过类聚的方式重新审视具有相似功能的产品，提取这些产品的公共部分，建立标准化的接口，然后通过这些接口将不同模块组合起来以实现产品功能。模块化设计是一个不断循环和完善的闭环设计过程，与传统的孤立产品结构设计截然不同。掘支锚运探一体化成套装备的模块化设计，实际上就是进行一系列产品功能模块的划分和各模块的重新组合。

在掘支锚运探一体机的模块化设计过程中，关键的评价标准是模块划分的合理性。模块划分的结果既影响产品设计和制造，也关系到装配和维护的难易程度。模块划分越精细，越有助于各个独立模块的设计和制造，但可能会增大产品的装配和维护难度，并增加故障点，不利于提高产品的可靠性。在进行成套装备的模块化设计时，本项目全面考虑了设计、生产、使用和维护等各方面的影响，力争研究和设计出更为合理和完善的模块结构。

在本项目中，掘支锚运探一体化作业平台采用了可深缩全宽截割头，利用滑移机构推动截割头前进，而设备本体保持不动。掘支锚运探一体化作业平台采用了新的设计理念，将传统的机载电控单元、液压动力单元以及司机台从机身中分离出来，形成了上平台的空间结构。该作业平台承载了截割、锚钻、支护、钻探、行走等单元，可以实现相应的功能。此外，该作业平台还预留了标准的动力、电源和通信接口，可以根据工艺需求装载相应的功能模块。传统的电控单元、液压动力单元和司机台由位于作业平台后方的动力中心仓和集控仓取代，这两个仓位于自移机尾的上方，并通过铰链与作业平台连接，可以随作业平台移动。

本项目针对乌海地区矿山地质环境复杂、灾害严重的情况，满足了智能掘进的需求，创新了窄机身型掘支锚运探一体式成套装备技术，在业内也是首次提出成套装备功能模块化设计。

3.4.2 底板起伏工作面掘支锚运探一体式成套装备技术

掘支锚运探一体式成套装备截割作业开始前，需要确保掘进机机身的初始位姿正确,这是截割进行的前提条件,也是关系到截割质量的关键要素,不仅涉及机身位姿参数的准确测量与检测的系统及方法,还涉及对掘进机机身位姿误差进行消除控制的方法,以实现掘进机截割出规整断面。

掘进机机身位姿偏差分为 3 种,即水平位姿偏差(偏航角和偏航位移)、俯仰位姿偏差(俯仰角)和横滚位姿偏差(滚动角)。其中,偏航角、偏航位移、俯仰角、滚动角参数反映了悬臂式掘进机机身的位姿偏差对巷道断面成形产生的影响,如表 3-4-1 所示。

表 3-4-1　掘进机机身位姿参数及其影响

位姿参数	对应位置偏差	对智能化掘进的影响
偏航角	偏航	掘进方向偏离巷道设计中线
偏航位移		
俯仰角	俯仰	切顶或者切底
滚动角	滚动	截割断面不符合要求

为了达到巷道掘进的少人化和无人化的目标,掘进机精确定位和对关键控制参数的感知是一项具有挑战性的任务,尤其是乌海矿区巷道存在底板起伏、工作环境恶劣、明确的定位参照缺乏等情况。

获取掘进机准确实时的位姿数据是实现掘支锚运探一体式成套装备精确导航的基础。另一方面,掘进机在巷道截割前需要移动到目标位置并调整其机身位姿,以确保巷道的准确截割。依靠人工完成掘进机的行走和纠偏难以满足高精度和高效率的掘进作业要求,需要针对掘进巷道的复杂工况进行掘进机的自主调动、自主纠偏和位姿控制的研究,以满足现场快速掘进和安全高效生产的需求,并克服精确导航和掘进所面临的技术挑战。

本项目针对乌海矿区巷道底板起伏与工作环境恶劣等情况,对掘锚成套设备的自主纠偏与位姿控制问题展开详细研究,项目技术路线图如图 3-4-1 所示。

本项目的具体研究工作与创新如下。

(1)基于底板耦合的掘进机履带运动学与动力学研究。

煤矿巷道底板起伏,工作环境极其复杂,本项目对掘进机履带与巷道底板耦合关系的深入分析与研究,极大提升了基于底板耦合的掘进机纠偏运动学和动力学模型的准确性。

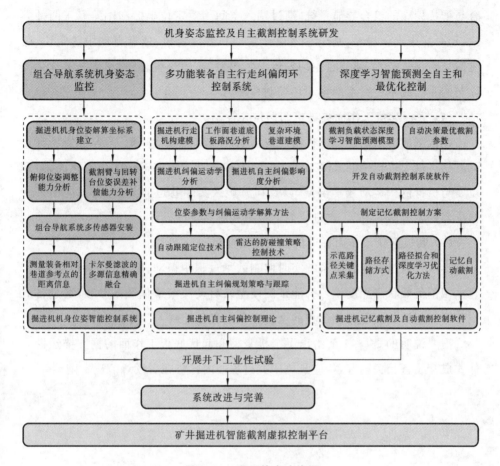

图 3-4-1　项目技术路线图

（2）掘锚一体机高精度捷联式惯性导航调直方法。

本项目提出了掘锚一体机高精度捷联式惯性导航调直方法，利用陀螺仪和加速度计测量运载体相对惯性空间的角速度和加速度参数，建立了基于罗德里格斯方法的掘进机位置和机身姿态解算模型，从而最终输出机身姿态、位置等参数，使运载体按照预定的轨迹行驶，具有结构简单、自主性强、可靠性高等优点。

（3）底板起伏工作面掘进机自主纠偏规划与运动控制。

本项目基于掘进机履带与巷道底板的耦合关系，建立了掘进机在底板起伏巷道内的纠偏运动学与动力学模型；提出了基于卡尔曼滤波的多源信息精确融合与干扰剔除的组合导航系统,通过输入空间绝对定位坐标和偏差修正两种方式,随时修正定位误差,基于巷道设计基准和智能定位,依靠自动跟随定位、防碰撞策略控制技术,建立自主纠偏运动学模型,搭建环境感知、动态决策和行为控制的多功能自主行走纠偏闭环控制系统。

(4)底板起伏工作面掘进机俯仰位姿控制。

在截割前需要调整掘进机俯仰位姿以确保断面截割质量,俯仰位姿调整是通过掘进机支撑机构的升降来实现的。本项目基于支撑机构的受力状况、俯仰位姿与执行机构运动数学模型,以及乌海矿区实际巷道的复杂工况,提出了俯仰位姿控制算法,完成了掘进机俯仰位姿控制系统的设计。

(5)底板起伏工作面掘进机自主截割控制。

本项目通过截割控制系统实时监测截割过程中振动、电流、音频物理信号,建立截割负载状态深度学习智能预测模型来自动决策最优截割参数,通过自适应鲁棒控制算法实现截割过程的全自主和最优化控制。

需要说明的是,3.4节给出了窄机身型和起伏底板工作面的掘支锚运探一体式成套装备相关内容,相应具体研究过程性内容将在后续章节逐一阐述。

第4章
系统设计与动力单元分析

4.1 乌海能源掘进工作面钻锚系统设计

4.1.1 煤巷锚杆支护设计理论

随着我国煤巷锚杆支护技术的快速发展,有关锚杆支护理论的研究也取得较大进展。乌海能源有限责任公司在大量理论分析、实验室试验、数值模拟及井下试验成果的基础上,并借鉴国外先进技术经验,提出了巷道支护动态系统设计法。动态系统设计法具有两大特点:其一,设计不是一次完成的,而是一个动态过程;其二,设计充分利用每个过程中提供的信息,实时进行信息收集、信息分析与信息反馈。该设计法包括巷道围岩地质力学评估、初始设计、井下监测、信息反馈与修正设计四部分内容。巷道围岩地质力学评估包括围岩强度、围岩结构、地应力、井下环境评价及锚固性能测试等内容,为初始设计提供可靠的基础参数;以工程类比法和数值计算方法为主,结合已有经验和实测数据确定比较合理的初始设计;将初始设计实施于井下,进行详细的围岩位移和锚杆受力监测;根据监测结果判断初始设计的合理性,必要时修正初始设计。

1. 巷道围岩地质力学评估

巷道围岩地质力学评估是在地质力学测试基础上进行的,包括以下几个方面内容。

(1)巷道围岩岩性和强度。其包括煤层厚度、倾角、抗压强度,以及顶底板岩层分布、强度。

(2)地质构造和围岩结构。针对巷道周围较大的地质构造,如断层、褶曲等分布,评估其对巷道的影响程度;评估巷道围岩中不连续面的分布状况,如分层厚度和节理裂隙间距的大小,以及不连续面的力学特性等。

(3)地应力。其包括垂直主应力和两个水平主应力,其中最大水平主应力对锚杆支护设计尤为重要。

(4)环境影响。环境因素包括水文地质条件、涌水量、水对围岩强度的影响、瓦斯涌出量和岩石风化性质等。

(5)采动影响。其包括巷道与采掘工作面和采空区的空间位置关系、巷道掘进与采动影响的时间关系、采动次数影响等。

(6)黏结强度测试。采用锚杆拉拔计确定树脂锚固剂的黏结强度。采用施工中所用的锚杆和树脂药卷,分别在巷道顶板和两帮设计锚固深度上进行三组拉拔试验。黏结强度满足设计要求后在井下施工中采用。

初始设计前所需的地质力学评估内容如表 4-1-1 所示。

表 4-1-1　地质力学评估内容

序号	参数	说明与测取
1	煤层厚度	被巷道切割的煤层厚度
2	煤层倾角	由工作面地质说明书给出,或在井下直接测取
3	煤层物理力学参数	在井下直接测取,或在实验室内利用煤样测定
4	2倍巷道宽度范围内顶板岩层层数与厚度	由地质柱状图或钻孔资料确定
5	1倍巷道宽度范围内底板岩层层数与厚度	由地质柱状图或钻孔资料确定
6	各层节理裂隙间距	沿结构面法线方向的平均间距,在巷道内(或类似条件的巷道内)
7	岩层的分层厚度	分层厚度的平均值
8	岩层物理力学参数	在井下直接测取,或在实验室内利用岩样测定
9	地质构造	巷道周围地质构造分布情况,由工作面地质说明书给出
10	水文地质条件	巷道涌水量、水质等参照工作面地质说明书;水对围岩力学性质的影响通过试验确定

续表

序号	参数	说明与测取
11	巷道埋深	地表到巷道底板的垂直距离
12	原岩应力的大小和方向	在井下实测
13	巷道轴线方向	由工作面巷道布置图给出
14	煤柱宽度	煤柱的实际宽度
15	采动影响	巷道受到周围采动影响情况
16	巷道几何形状和尺寸	宜选用的几何形状为矩形和梯形
17	锚杆在岩层中的锚固力	由井下锚杆锚固力拉拔试验测得
18	锚杆在煤层中的锚固力	由井下锚杆锚固力拉拔试验测得

2. 锚杆支护设计方法

根据现场调查与巷道围岩地质力学评估结果,进行锚杆支护初始设计。初始设计可采用以下一种或多种方法组合进行。

(1)工程类比法:根据已支护巷道的实践经验,通过类比,直接提出锚杆支护初始设计。必须保证设计巷道在地质和生产条件、围岩物理力学性质、原岩应力等方面与已支护巷道相似。也可根据巷道围岩稳定性分类结果进行锚杆支护初始设计。

(2)理论计算法:选择合适的锚杆支护理论,建立力学模型,测取支护理论所需的围岩物理力学参数,进行理论计算与分析,确定锚杆支护主要参数,提出锚杆支护初始设计。

(3)数值模拟法:根据现场调查与巷道围岩地质力学评估结果,采用合适的数值模拟方法,通过数值模拟计算与分析,确定锚杆支护初始设计。

3. 锚杆杆体的作用

对于锚杆杆体本身来说,由于杆体长度方向的尺寸远大于其他两个方向的尺寸,因此其在力学上属于杆件。如图4-1-1所示,这种构件主要可以提供两方面的作用:一是抗拉作用;二是抗剪作用。杆体的抗弯能力和抗压能力是非常小的,可以忽略不计。

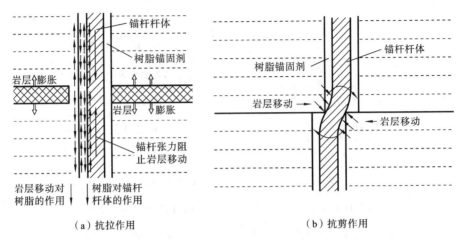

（a）抗拉作用 （b）抗剪作用

图 4-1-1 锚杆杆体的作用

（1）锚杆杆体的抗拉作用。

锚杆杆体所能承受的拉断载荷可用式(4-11)计算：

$$P = \frac{\pi d^2}{4} \sigma_b$$

（4-11）

式中：P——锚杆杆体所能承受的拉断载荷，N；

d——锚杆杆体的直径，mm；

σ_b——锚杆钢材的抗拉强度，MPa。

常用锚杆钢材的屈服强度、抗拉强度和拉断载荷如表 4-1-2 所示。

表 4-1-2 常用锚杆钢材的屈服强度、抗拉强度和拉断载荷

牌号	屈服强度/ MPa	抗拉强度/ MPa	拉断载荷/kN				
			$\phi16$ mm	$\phi18$ mm	$\phi20$ mm	$\phi22$ mm	$\phi25$ mm
Q235	240	380	76.4	96.7	119.4	144.5	186.5
HRB335	335	490	98.5	124.7	153.9	186.3	240.5
HRB400	400	570	114.6	145.0	179.1	216.7	279.8
HRB500	500	670	134.7	170.5	210.5	254.7	328.9
HRB600	600	800	160.8	203.6	251.3	304.1	392.7

从表 4-1-2 中可看出，对于直径为 20 mm 的锚杆杆体，圆钢（Q235）、高强度螺纹钢（HRB400）、超高强度螺纹钢（HRB600）的拉断载荷分别约为 119.4 kN、179.1 kN、251.3 kN，后两者的拉断载荷分别是前者的 1.5 倍和 2.1 倍。

（2）锚杆杆体的抗剪作用。

锚杆杆体所能承受的剪断载荷可用式(4-1-2)计算：

$$Q = \frac{\pi d^2}{4} \tau_b \qquad (4\text{-}1\text{-}2)$$

式中：Q——锚杆杆体所能承受的剪断载荷，N；

τ_b——锚杆钢材的抗剪强度，MPa；

根据材料力学，对于塑性材料，抗剪强度一般是抗拉强度的 $60\%\sim80\%$，取平均值 70%。常用锚杆钢材的抗剪强度和剪断载荷如表 4-1-3 所示。

表 4-1-3　常用锚杆钢材的抗剪强度和剪断载荷

牌号	抗剪强度/ MPa	剪断载荷/kN				
		$\phi16$ mm	$\phi18$ mm	$\phi20$ mm	$\phi22$ mm	$\phi25$ mm
Q235	266	53.5	67.7	83.6	101.1	130.6
HRB335	343	69.0	87.3	107.8	130.4	168.4
HRB400	399	80.2	101.5	125.3	151.7	195.9
HRB500	469	94.3	119.3	147.3	178.3	230.2
HRB600	560	112.6	142.5	175.9	212.9	274.9

从表 4-1-3 中可看出，对于直径为 20 mm 的锚杆杆体，圆钢（Q235）、高强度螺纹钢（HRB400）、超高强度螺纹钢（HRB600）的剪断载荷分别约为 83.6 kN、125.3 kN、175.9 kN。

4. 锚杆托板的作用

托板是锚杆的重要构件，对锚杆支护作用的发挥影响很大。托板的作用可分为两个方面：一是通过给螺母施加一定的扭矩使托板压紧巷道表面，给锚杆提供预紧力，并使预紧力扩散到锚杆周围的煤岩体中，从而改善围岩应力状态，抑制围岩离层、结构面滑动和节理裂隙张开，实现锚杆的主动、及时支护；二是围岩变形使载荷作用于托板上，载荷通过托板传递到锚杆杆体，增大锚杆的工作阻力，充分发挥锚杆控制围岩变形的作用。

托板的力学性能应与锚杆杆体的性能相匹配，才能充分发挥锚杆的支护作用。托板强度不足、安装质量差、受较大偏载都会显著降低锚杆的支护作用。对于端部锚固锚杆，托板是锚杆尾部接触围岩的构件，通过托板给锚杆施加预紧力,传递围岩载荷至锚杆杆体;托板本身失效,以及托板下方的围岩松散脱落,导致托板与表面不紧贴,都会使锚杆失去支护作用。对于加长锚固锚杆,托板的作用同样重要,通过托板压紧巷道表面给锚杆施加预紧力,预紧力对锚杆工作阻力和受力分布又产生影响,从而改善支护效果。

5. 锚固剂的作用

锚固剂的主要作用是将钻孔孔壁岩石与杆体黏结在一起,使锚杆发挥支护作用。同时锚固剂也具有一定的抗剪与抗拉能力,与锚杆共同加固围岩。

在工程设计中,计算锚杆拉拔力的简化方法是假定锚固剂与杆体、锚固剂与钻孔孔壁之间的黏结应力沿锚固长度均匀分布,则锚杆拉拔力可用式(4-1-3)计算:

$$\begin{cases} P = \pi d \tau_1 l, & \text{破坏发生在锚固剂与杆体之间} \\ P = \pi D \tau_2 l, & \text{破坏发生在锚固剂与钻孔孔壁之间} \end{cases} \qquad (4\text{-}1\text{-}3)$$

式中:P——锚杆拉断载荷,N;

τ_1——锚固剂与杆体之间的黏结强度,MPa;

τ_2——锚固剂与钻孔孔壁之间的黏结强度,MPa;

d——杆体直径,mm;

D——钻孔直径,mm。

在实际工作状态下锚杆黏结应力的分布与拉拔试验时的还有很大区别,影响因素更多、更复杂。这些影响因素包括锚固剂性能、围岩性质、钻孔直径和粗糙度、杆体直径与粗糙度、钻孔直径与杆体直径之差等。关于在拉拔状态下和实际工作状态下锚杆黏结应力的分布,国内外学者做了大量研究与试验,得出黏结应力分布的公式与曲线。在拉拔状态下,杆体锚固段黏结应力的分布表示为负指数曲线。

$$\tau(x) = c e^{-\frac{x}{d}\sqrt{8K/E}} \qquad (4\text{-}1\text{-}4)$$

式中:$\tau(x)$——距锚固起始端 x 处锚固剂作用于杆体表面的黏结强度,MPa;

d——杆体直径,mm;

E——杆体弹性模量,MPa;

c——积分常数;

K——剪切刚度,MPa。

$$K = \frac{K_1 K_2}{K_1 + K_2}$$

（4-1-5）

式中：K_1——锚固剂的剪切刚度，MPa；

　　　K_2——围岩的剪切刚度，MPa。

4.1.2　煤巷锚杆支护材料

锚杆支护材料包括杆体、托板、螺母、锚固剂、组合构件、金属网、锚索等。锚杆支护材料在锚杆支护技术中起着至关重要的作用。性能优越的锚杆支护材料是充分保证锚杆支护效果与巷道安全性的必要前提。

锚杆支护材料经历了从低强度、高强度到高预应力、强力支护的发展过程。金属杆体从圆钢、建筑螺纹钢，发展到煤矿锚杆专用钢材——左旋无纵筋螺纹钢；锚固方式从机械锚固、水泥药卷锚固，发展到树脂锚固；锚杆支护形式从单体锚杆支护、锚网支护，发展到锚杆、钢带、网、锚索等多种形式的组合支护，小孔径树脂锚固锚索得到大面积推广应用。总之，锚杆支护材料向高强度、高刚度与高可靠性方向发展，为采煤工作面快速推进与产量提高创造有利条件。

1. 锚杆支护形式

（1）单体锚杆支护。

单体锚杆支护是锚杆支护形式中最简单的一种，没有任何组合构件，每根锚杆单独对煤岩体起支护作用。单体锚杆支护又分为零星支护与锚杆群支护。零星支护是在巷道局部位置和地段安设单体锚杆，防止局部围岩变形与冒落；锚杆群支护按一定的参数在巷道围岩中布置锚杆，在锚固区形成支护结构，控制围岩变形与破坏。

单体锚杆支护主要适用于煤岩体完整、稳定，围岩强度较大，围岩结构面不发育，巷道埋藏浅，围岩应力小的简单条件。

（2）锚网支护。

锚网支护是在锚杆群支护的基础上增加了锚网作为护表构件。锚网支护适用于煤岩体比较稳定，围岩强度较大，围岩中发育一定的节理、裂隙等结构面，巷道压力不大的条件。

（3）锚梁（带）支护。

锚梁（带）支护是指采用钢筋托梁、钢带、钢梁等构件将锚杆组合起来的支护形式。通过组合构件可扩大锚杆作用范围，均衡锚杆受力，提高锚杆整体支护能力。

锚梁（带）支护适用于煤岩体比较稳定，围岩强度较大，发育一定程度的节理、裂隙等结构面的围岩条件。

（4）锚梁（带）网支护。

锚梁（带）网支护是锚杆、托梁（钢带）与网的组合支护形式。它充分发挥了托梁、钢带的组合作用和网的护表作用，适应性更强，支护能力更大。

锚梁（带）网支护适用于围岩强度比较低、结构面较发育、压力较大的巷道条件。

（5）锚梁（带）网索支护。

锚梁（带）网索支护在锚梁（带）网支护结构的基础上增加了锚索。锚索的补强作用，提升了由锚杆支护形成的承载结构的稳定性，能承载更大范围的岩体，提高了巷道的安全性、可靠性。

锚梁（带）网索支护适用于复杂、困难条件的巷道，包括大断面巷道、放顶煤开采涉及的煤顶和全煤巷道、复合顶板和松软破碎围岩巷道、高地应力巷道、受采动和地质构造影响的巷道等。

（6）锚杆（索）桁架支护。

锚杆（索）桁架支护由倾斜锚杆或锚索与拉杆组成，拉杆的结构有多种形式。桁架的最大特点是可施加较大的预紧力，改善顶板应力状态，消除顶板弯曲变形引起的拉应力，使顶板处于受压状态。按布置方式，锚杆（索）桁架分为单式桁架、复式桁架、交叉式桁架及连续式桁架等。

锚杆（索）桁架支护适用于大断面巷道、硐室和交岔点，厚层复合破碎顶板巷道，煤顶和全煤巷道等困难条件。

（7）锚固与注浆加固。

锚固与注浆加固是将锚杆、锚索支护与注浆加固有机结合在一起，充分发挥两种支护加固法的优势，共同保持围岩的稳定。

锚固与注浆加固适用于围岩破碎程度高的巷道，如受地质构造影响的破碎带、高地应力松软破碎围岩巷道等。

2. 常用金属锚杆形式

1）水泥锚固锚杆

圆钢水泥锚固锚杆由杆体、快硬水泥药卷、托板和螺母组成。杆体由普通圆钢制成，尾部加工螺纹，端部制成不同形式的锚固结构。杆体直径为 14～22 mm，大多为 16～20 mm，圆钢锚杆杆体的力学性能如表 4-1-4 所示。

表 4-1-4　圆钢锚杆杆体的力学性能

杆体直径/mm	截面积/mm²	Q235		A5	
		屈服载荷/kN	拉断载荷/kN	屈服载荷/kN	拉断载荷/kN
14	153.9	36.9	58.5	43.1	77.0
16	201.1	48.3	76.4	56.3	100.5
18	254.5	61.1	96.7	71.3	127.2
20	314.2	75.4	119.4	88.0	157.1
22	380.1	91.2	144.5	106.4	190.1

圆钢水泥锚杆的锚固部分有 3 种形式。第一种是麻花式，分小麻花式和普通麻花式。小麻花式端部加工成一定规格的左旋 360° 的窄形双麻花式，并焊有挡圈；普通麻花式端部加工成一定规格的左旋 180° 的单拧麻花式（见图 4-1-2）。第二种是弯曲式，端部制成一定规格的弯曲形状。第三种是端盘式，端部加工或焊接圆盘形盖，并有一活动挡圈。弯曲式、小麻花式端部直接打入安装；普通麻花式端部旋转搅拌安装；端盘式端部则采用钢管冲压安装。

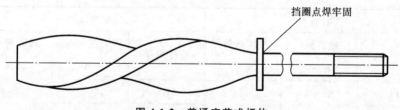

挡圈点焊牢固

图 4-1-2　普通麻花式杆体

水泥药卷是以普通硅酸盐水泥等为基材掺以外加剂的混合物，或单一特种水泥按一定规格包上特种透水纸而呈卷状，浸水后经水化作用能迅速产生强力锚固作用的水硬性胶凝材料。水泥药卷有多种形式：按材料划分有混合型和单一型；按结构划分有实心式和空心式。水泥锚杆通过锚杆端部将水泥药卷挤入锚孔,快速黏结锚固端与孔壁并膨胀而提供一定的锚固力。水泥锚杆可端部锚固,也可全长锚固。水泥锚杆具有锚固快、安装简便、价格低廉等优点,因此在过去的一段时间内得到比较广泛的应用。

但是,各种快硬水泥药卷的浸水操作比较困难。浸水时间短、水化不够,会导致药卷内部还处于干燥状态,因此,水泥药卷锚固剂已较少被使用且逐渐被淘汰。

2）树脂锚固锚杆

圆钢树脂锚杆由杆体、树脂药卷、托板和螺母等组成,锚固形式一般为端部锚固。杆体端部压扁并拧成反麻花状,以搅拌树脂药卷和提高锚固力。杆体端部设置挡圈,防止树脂药卷锚固剂外流,并起压紧作用。杆体尾部加工螺纹,安装托板和螺母。

树脂药卷锚固剂是由树脂胶泥与固化剂两部分分别包装成卷,混合后能将杆体与被锚煤岩体黏结在一起的胶结材料。树脂药卷锚固剂固化速度快、锚固效果好、可靠性高、使用方便,在国内外得到较为广泛的应用。圆钢树脂锚杆长度一般为 1.4~2.4 m,大多为 1.6~2.0 m;杆体直径为 14~22 mm,大多为 16~20 mm。

锚杆尾部螺纹部分直径比杆体的直径小,其承载能力也比杆体的小,如表4-1-5所示。对于麻花状端部锚固结构,麻花端截面积通常小于杆体截面积,承载能力也小于杆体的承载能力。这种杆体结构容易导致螺纹部分杆体或麻花状端部发生断裂。

表 4-1-5　圆钢锚杆杆体与尾部螺纹部分的力学性能

杆体			尾部螺纹部分		
直径/mm	截面积/mm²	拉断载荷/kN	螺纹规格	应力截面积/mm²	拉断载荷/kN
14	153.9	58.5	M16	156.7	59.5
16	201.1	76.4	M18	192.5	73.1
18	254.5	96.7	M20	244.8	93.0
20	314.2	119.4	M22	303.4	115.3
22	380.1	144.5	M24	352.5	133.9

3）摩擦锚固锚杆

摩擦锚固锚杆有管缝式、水力膨胀式及爆固式等锚杆,管缝式锚杆用量较大,其他锚杆很少使用。

管缝式锚杆的杆体由高强度、高弹性钢管或薄钢板卷制而成,沿全长纵向开缝。杆体端部做成锥形,以便安装;尾部焊有一个用 6～8 m 的钢筋弯成的挡环,用以压紧托板,其结构如图 4-1-3 所示。

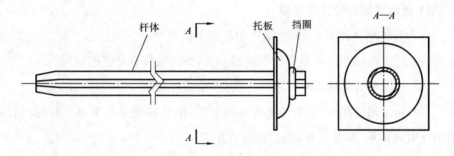

图 4-1-3　管缝式锚杆结构

管缝式锚杆杆体直径为 30～45 mm,壁厚一般为 2～3 mm,开缝宽度为 10～15 mm,长度根据需要加工,一般为 1.6～2.0 m。

管缝式锚杆杆体直径比钻孔直径大 1～3 mm。当杆体被压入钻孔后,开缝钢管被压缩,钢管外壁与钻孔孔壁挤紧,产生沿钢管全长的径向压应力和轴向摩擦力,在围岩中产生压应力场,阻止围岩变形。

管缝式锚杆的锚固力与多种因素有关,包括开缝管与钻孔的直径差、钻孔直径、钢管的材质与厚度、开缝管长度,以及围岩条件等。在一定范围内,开缝管与钻孔的直径差越大、钻孔直径越小、钢管弹性模量越高、钢管厚度越大、开缝管长度越长、钢管与围岩之间的摩擦系数越大,锚杆锚固力越大。我国煤矿管缝式锚杆的锚固力一般可达 50～80 kN。管缝式锚杆的主要优点是全长锚固,安装后立即给钻孔孔壁提供压应力,锚固力随围岩变形程度的增大而逐渐升高。管缝式锚杆由于具有上述优点在一段时间内得到较为广泛的应用,目前在岩石巷道中仍有应用。但是,管缝式锚杆存在以下弊端:管缝式锚杆的锚固力对开缝管与钻孔的直径差的变化很敏感;管缝式锚杆采用人工安装或机械打入式安装,因此锚杆不能太长,否则无法安装;当巷道服务时间长和有淋水时,管缝式锚杆会受到腐蚀而大大影响锚固力。因此,管缝式锚杆支护属于低强度、低刚度的支护形式,一般只用在围岩条件较好的巷道。

3. 树脂锚固剂

树脂锚固剂为高分子材料。其由于黏结强度大、固化快、安全可靠性高,已广泛应用于煤巷锚杆支护。目前,树脂锚固剂已大量使用,成为最主要的锚固材料。

1)树脂锚固剂的力学性能

作为锚杆的锚固材料,树脂锚固剂有以下技术要求。

(1)树脂锚固剂固化后有较高的黏结力,保证锚杆有足够的锚固力。

(2)锚固剂固化后有较高的弹性模量,使锚杆锚固段有较高的刚度。

(3)锚固剂固化快,满足快速安装的要求,能及时施加预紧力。同时,锚固剂固化时间可调,满足加长、全长锚固的要求。

(4)锚固剂固化后收缩率降低。否则,过高的收缩率会导致树脂环与钻孔孔壁之间的抗剪强度降低,影响锚固力。

(5)锚固剂应便于在钻孔中安装和搅拌。树脂锚固剂直径一般比钻孔直径小 4～6 mm。

我国煤矿目前已经能够生产超快速、快速、中速、慢速等不同固化速度的树脂锚固剂,其主要技术特征如表 4-1-6 所示。

表 4-1-6　树脂锚固剂主要技术特征

型号	特性	固化时间/s	等待时间/s	颜色标识
Cka	超快速	8～25	10～30	黄
CK		8～40	10～60	红
K	快速	41～90	90～180	蓝
Z	中速	91～180	480	白
M	慢速	>180	—	—

树脂锚固剂的主要力学性能参数如下:单轴抗压强度不小于 60 MPa(24 h);抗拉强度为 11.5 MPa;剪切强度不小于 35 MPa;弹性模量不小于 1.6×10^4 MPa;收缩率为 0.6%;密度为 1.8～2.2 g/cm³。

树脂锚固剂的几何尺寸与规格多种多样。锚固剂的直径应与钻孔直径相匹配,直径主要有 $\phi23$ mm、$\phi28$ mm 及 $\phi35$ mm 三种,以适应 $\phi28$ mm、$\phi32$ mm 及 $\phi42$ mm 的钻孔,尤以 $\phi23$ mm 的锚固剂用量最大。

树脂锚固剂长度可根据需要确定,一般为 $300\sim900$ mm,常用的长度有 300 mm、350 mm、500 mm、600 mm 等几种。锚固剂长度过短、锚固长度较长时需安装多个药卷;锚固剂长度太长,不便于运输和携带。

一般情况下,一支树脂锚固剂有一个固化速度。在井下进行加长或全长锚固时,需要搭配使用不同固化速度的锚固剂,如超快速或快速锚固剂配中速锚固剂使用,一个钻孔中需要安装两支或两支以上的锚固剂。

2）树脂锚固剂化学成分

树脂锚固剂按树脂不同分为不饱和聚酯树脂、环氧树脂和聚氨酯三大类,其中用量最大的是不饱和聚酯树脂。

不饱和聚酯树脂由不饱和二元酸(或酸酐)、饱和二元酸和二元醇经缩聚反应而成。在过氧化物固化剂作用下,不饱和聚酯与单体发生共聚反应,生成不熔、不溶的热固性聚合物,实现围岩与杆体的固结。不饱和聚酯树脂锚固剂的成分为不饱和聚酯树脂、固化剂、促进剂、触变剂和填料等。一般把不饱和聚酯树脂、促进剂、触变剂和填料作为一个组分,混合成树脂胶泥;另一个组分为固化剂。将两个组分装入彼此隔离的同一包装袋中,封口后制成锚固剂。

固化剂经历了从粉状到糊状,从玻璃管装填到隔腔包装的发展过程。为了将树脂胶泥与固化剂分隔,最早采用玻璃管装填粉状固化剂。虽然其封口简单、不易渗透,但由于固化剂是一种强过氧化物,遇摩擦、热和撞击都易引起着火、爆炸。为保证安全,固化剂原料中均含 30% 左右的水分,制作锚固剂时,必须先脱水、干燥、研磨成细粉,过筛后才能使用。在这些工序中,稍有不慎,即可能引起安全事故。

为避免着火、爆炸危险,针对固化剂的氧化特性,试验了多种减敏、钝化材料。采用液、固结合的减敏钝化剂,制成糊状固化剂,可满足安全生产要求。与粉状固化剂相比,糊状固化剂在生产中避免了粉尘飞扬对工人身体健康的危害,也解决了易着火、爆炸的问题。在凝胶固化反应中,糊状固化剂的凝胶时间略有缩短而固化时间稍有延长。在实际应用中,糊状固化剂的微小变化不会影响安装工序和锚固性能。

4.1.3　锚杆与注浆联合加固

在节理、层理、裂隙等结构面非常发育的破碎煤岩体中开掘巷道,围岩自稳时间短、破碎范围大、变形强烈。若单独采用锚杆支护,由于围岩破碎,锚固剂与围岩黏结力小,锚固力低,锚杆力学性能不能充分发挥,很难有效控制围岩变形。此外,对于高地应力、受强烈采动影响的巷道,掘巷后围岩会产生明显的离层、滑动,原生裂隙张开,并出现新的裂纹,导致围岩松散、破碎,破碎范围大,变形剧烈。对这类巷道进行二次加固或维修时,单独采用锚杆支护也很难取得较好的支护效果。将锚固与注浆加固技术有机地结合在一起,是解决破碎围岩巷道支护难题的有效途径。

1. 注浆加固机理

围岩注浆加固机理主要有以下 3 个方面。

(1) 注浆提高巷道围岩结构面的强度和刚度。对于结构面发育的煤岩体,其强度和变形主要由结构面控制。一般情况下,结构面的强度与刚度比较低,容易出现离层、滑动和张开,导致煤岩体强度降低、体积增大,引起巷道变形。加固材料可显著提高不连续面的强度和刚度,从而提高岩体的强度,增大围岩的自身承载能力。

(2) 注浆充填压密裂隙。注浆时浆液在泵压的作用下,渗透充填一些裂隙。另外,经挤压可以使一些充填不到的裂隙闭合,从而降低煤岩体的孔隙率,改善裂隙、孔隙周围的应力分布状态,提高围岩的强度。

(3) 注浆封闭水源、隔绝空气。围岩注浆可有效地封堵流水通道,防止或减轻水对围岩的软化,避免围岩强度因水的影响而大幅降低。同时,围岩注浆后封堵了裂隙,可有效地防止围岩风化。

2. 注浆材料

注浆材料一般可分为悬浮液型浆材和溶液型浆材,对应的有两大类材料:一类是水泥基材料,是注浆加固应用最广的材料;另一类是高分子材料,如脲醛树脂、环氧树脂、聚氨酯树脂等。此外,还开发了各种复合材料,以改善注浆材料的性能。

（1）水泥基浆材。

硅酸盐类水泥作为注浆材料具有结石体强度高、耐久性好、材料来源丰富、成本低、抗渗性较好等特点，在各类工程中得到广泛应用。但这种浆液容易离析和沉淀，稳定性较差，并且由于颗粒度大，难以注入细小裂隙或孔隙中，扩散半径小，凝结时间不易控制，结石率低。为了满足各种不同工程的需要，可在浆液中加入不同的添加剂，以改善水泥浆液的性质。

（2）化学基浆材。

化学浆液具有可注性好、渗透能力强、固结性能好、固化速度快且凝结时间可调等优点。但是其结石体强度较低，耐久性较差，对周围环境和地下水源有污染，而且价格比较贵。因此，化学基浆材一般用于破碎围岩巷道超前加固，防止掘进期间围岩垮落，以保证正常掘进与支护。此类材料包括聚氨酯树脂、脲醛树脂、丙烯酰胺系列浆材等。其中，聚氨酯树脂在煤矿中应用比较普遍。

（3）复合浆材。

高分子聚合物除单独用作化学基浆材以外，为了降低成本和实现单一浆液不能实现的性能，有时与水玻璃或水泥配制成高分子复合化学注浆材料。聚合物作为水泥的添加剂，可提高水泥基浆材的可注性和结石体的强度。在水泥中加入丙烯酸盐单体，能实现快速凝结，适用于堵水。

3. 注浆参数

注浆参数主要有注浆时间、注浆压力、注浆量、浆液扩散半径以及注浆孔的布置参数等。这些参数都不同程度地影响注浆加固效果。

（1）注浆时间。

注浆时间有两层含义：一是指注浆过程所需要的时间，二是指注浆与掘进的间隔时间。关于注浆过程所需要的时间，对于裂隙、孔隙发育的围岩，为防止浆液在巷道内泄漏，注浆时在控制注浆压力和注浆量的同时，还要控制注浆时间，注浆时间不宜过长；对于裂隙不发育的围岩，吸浆速度较慢，浆液扩散较困难，为改善注浆效果，应在提高注浆压力的同时适当延长注浆时间。

（2）注浆压力。

注浆压力是浆液在围岩中扩散的动力，它直接影响注浆加固的质量和效果。注浆压力受地层条件、注浆方式和注浆材料等因素影响。应注意，注浆压力过高会引起劈裂注浆,可能在注浆过程中导致围岩片帮、冒顶,而注浆压力过小会导致浆液难以向四周围岩中扩散。

（3）注浆量。

由于围岩岩性、裂隙发育程度、松动范围不同,围岩吸浆量差别很大,同时受注浆压力、注浆时间等因素影响。为了保证注浆能将裂隙充填密实,原则上应注到不吃浆为止。

（4）浆液扩散半径。

浆液扩散半径是确定注浆孔的布置参数(钻孔密度、深度等)的重要依据。浆液在煤岩体裂隙中的扩散是不规则的,浆液扩散半径随着岩层渗透系数、裂隙宽度、注浆压力、注浆时间的增加而增大,随着浆液浓度和黏度的增加而减小。通常以调节注浆压力、注浆量和浆液浓度等参数来控制浆液扩散范围。

（5）注浆孔的布置参数。

注浆孔的布置参数主要指间排距与深度。注浆孔间排距与浆液扩散半径密切相关。注浆孔间排距应使两个注浆孔的浆液扩散范围有一定交叉,又应比二倍浆液扩散半径小,取 0.65～0.75 的系数。深度应达到围岩裂隙发育、破碎区的边缘。深部围岩裂隙不发育,浆液不易渗透,因此过深的钻孔作用不大。

4. 钻锚注加固技术

钻锚注加固技术将钻孔、注浆和锚固功能集于一体。在井下使用时,第一步,锚杆用作钻杆,锚杆杆体头部配一钻头,尾部用连接器与钻机连接;第二步,锚杆用作注浆管,钻机连接套用注浆连接套代替,锚杆就像传统的注浆管一样,将树脂、水泥浆液等送入钻孔中,实施全长或加长锚固。

1）钻锚注锚杆材料

钻锚注锚杆由中空杆体、一次性钻头、连接套管、托板和螺母组成。钻锚注锚杆杆体一般采用厚壁无缝钢管制作,外表全长具有螺纹,保证力的可靠传递,在施工的每个环节,都可方便、快速地将其他部件拧在杆体螺纹上,同时采用连接套,将几根杆体连接在一起。钻锚注锚杆根据外径和内径的不同分为很多种,表4-1-7列出了适用于煤矿巷道支护的钻锚注锚杆的型号。

表 4-1-7 钻锚注锚杆的型号与力学性能

序号	锚杆型号(外径/内径)/mm	拉断载荷/kN	延伸率/(%)
1	25/13	150	
2	25/15	120	
3	29/17	180	
4	29/15	200	在实验平台上做拉伸试验,其延伸率一般为 10%~15%
5	29/13	240	
6	30/16	220	
7	32/20	260	
8	32/15	320	
9	40/20	400	
10	40/18	450	

2)钻锚注锚杆的主要特点

钻锚注锚杆集钻杆、注浆管、锚杆三者为一体,施工工艺简单。普通注浆锚杆的施工工序复杂且施工时间长。对于钻锚注锚杆而言,其本身就是钻杆,前端配上一次性钻头,钻进后无须拔出,能够直接注浆,在非常破碎的岩体上可以实现随钻随注。

钻锚注锚杆强度高,与注浆材料黏结力强。钻锚注锚杆为非普通钢材的中空锚杆,其表面为粗螺纹(可根据工程需要做成左、右旋螺纹)。由于杆体为中空螺纹钢管,其抗弯、抗剪及表面黏结强度要比相同截面积的实心钢筋的强度大得多。

钻锚注锚杆注浆饱满,并能实现高压注浆,使浆液充满岩体裂隙。利用锚杆中空作为注浆通道,能使浆液自孔底向孔口呈环状灌注,保证环状空间和岩石裂隙被填充饱满。另外,在螺纹杆体上旋上带螺纹的止浆塞堵住孔口,可以实现高压注浆。

由于钻锚注锚杆的螺纹是连续的,可根据施工需要,将其截成任意长度,实现任意连接。其既便于小型钻机在狭小的巷道中使用,又便于在各类困难条件中分段连接使用。

3）钻锚注锚杆的适用条件

在没有固结的岩石中,或非常破碎的岩石中,或断层泥中,难以实现稳定的钻孔。当无法实现先钻孔、后安装锚杆(索)的施工工艺时,可应用钻锚注锚杆,诸如以下几种条件。

(1)沿空掘巷。现行的沿空掘巷一般留设小煤柱 3~5 m,很多情况下小煤柱非常破碎,给锚杆支护施工带来很大困难,有的甚至在钻杆抽出后钻孔就塌落,导致无法安装锚杆。

(2)掘进工作面过断层或破碎带。这种条件下巷道一旦暴露顶板就要塌落,必须对围岩进行超前加固。由于围岩十分破碎,安装普通锚杆非常困难。

(3)软岩巷道底鼓治理。巷道底鼓治理一直是软岩支护中的一大难题,由于钻进底板钻孔比较困难,因此底鼓问题长期没有得到解决。钻锚注加固技术是一种有效的底鼓治理手段。

(4)破碎围岩巷道维修。需要维修的巷道一般都出现了较大范围的破坏区,围岩松散破碎,成孔困难,适合采用钻锚注锚杆。

4.1.4　快速自主定位的掘进工作面锚钻系统

从乌海矿区巷道条件入手,通过理论分析确定支护方案,进而完成支护相关部分设计,设计与开发了包含锚杆库、锚杆机械手的智能化钻机装置,结合主机定位、自动行走以及整机施工工艺需求,开发智能化控制程序,最终实现了具有高适应性的机械、电气、液压集成化快速自主定位的掘进工作面锚钻系统。

以设备位姿精确导航为基准,融合关节部位传感器的实时位置信息,对锚护系统进行运动学建模,将支护位置解算为锚杆机各关节目标值,自动控制锚杆机对准目标锚护位置,实现锚孔自动定位功能。

锚钻系统配置智能型锚杆钻机,采用自钻进中空锚杆和泵送注浆式锚固剂,实现锚杆自动化施工。该系统配备顶锚杆机和帮锚杆机,顶锚杆机完成顶部所有顶锚杆支护,中部帮锚杆机完成帮部上面 2 根锚杆支护,尾部帮锚杆机完成帮部下面 1 根锚杆支护。

针对煤矿井下锚杆自动钻进、加杆、换杆、出渣和锚网自动延展、撑紧需求,研究人员创新设计了一种智能锚杆机和自动锚网铺设装置以及一种内置树脂锚固剂的新型锚杆,如图 4-1-4 所示。研究人员提出了锚杆自动支护设计方案,从智能锚杆机以及配套的新型锚杆研究出发,系统解决锚杆自动支护问题。

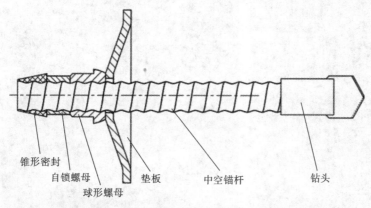

（a）新型锚杆结构示意图

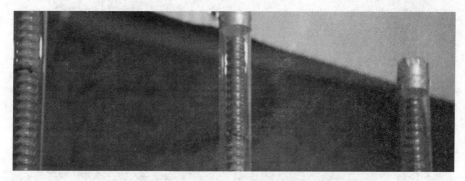

（b）内置树脂锚固剂的新型锚杆实验图

图 4-1-4 内置树脂锚固剂的新型锚杆示意图

掘进工作面锚钻系统将超前钻机集成在掘支锚运探一体机截割大臂上,通过滑移机构实现超前钻机在大臂上方的前后滑移,实现截割状态和超前钻探状态的切换。钻探施工时,超前钻机从大臂后部滑移至掘进迎头,截割时滑移至大臂后部,不影响截割施工。顶部帮锚杆机、中部帮锚杆机和尾部帮锚杆机如图 4-1-5 所示,旋转机头由液压马达和供水机构组成。液压马达是旋转切削的动力源,供水机构为侧式,外接压力水进入水室后经中空钻杆到达钻头,以冷却钻头、冲洗岩粉。液压系统可采用开式、串联或并联系统,由泵站、操纵控制元件、执行元件及管路附件等组成,工作压力一般为 12~

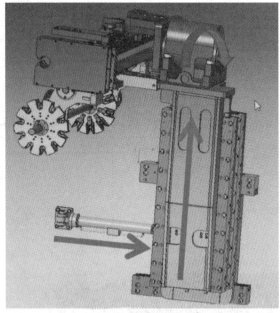

（a）顶部帮锚杆机　　　　　　　　　　（b）中部帮锚杆机

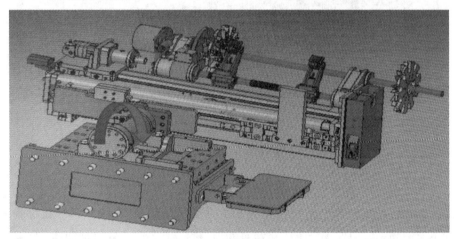

（c）尾部帮锚杆机

图 4-1-5　锚钻系统锚杆机示意图

14 MPa。

　　该系统的自动钻锚装置中安装了多种传感器，以实现自主定位功能。传感器包括矿用本安位移传感器、矿用隔爆倾角传感器、油缸行程传感器、压力传感器。

其中,锚杆钻机的油缸中安装了矿用本安位移传感器,能够实时进行锚杆机左右移动、前后移动、上下升降和钻机进给等动作的位移测量;锚杆钻机安装有矿用隔爆倾角传感器,能够实现锚杆机在前后摆动、左右摆动和上下摆动等过程中的角度计量;油缸行程传感器、压力传感器被用于实现顶板支撑压力控制,长进给、短进给油缸安装有油缸行程传感器。

该系统采用多传感器融合的定位方式实现了设备针对巷道中性线的精准定位,在此基础上,将钻机相对设备的定位和整机自动行走的逻辑控制方式相结合,最终实现了锚杆支护过程中锚杆机的绝对定位。机身定位方案示意图如图4-1-6所示。该系统突破了掘进工作面锚杆自动确定施工位置的难题。

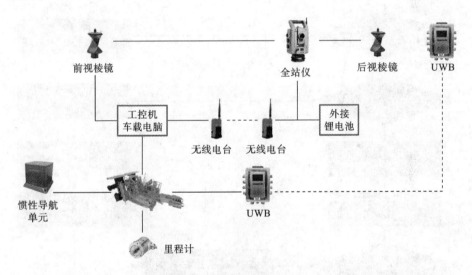

图 4-1-6 机身定位方案示意图

组合导航系统具备掘支锚运探一体机对于应用巷道的实时精准定位功能,定位精度小于或等于5 cm,水平姿态角误差为0.02°,偏航角误差为0.1°。惯性导航单元用以保持导航测量精度,无须拆机标定。

传统掘进机在实际巷道掘进任务中主要由作业人员通过肉眼对设备的行走方向进行纠正。在作业人员人为因素以及周围环境因素的影响下,掘进机掘进路径常常会偏,不仅影响巷道的成形质量,而且增加了巷道的掘进成本,降低了巷道推进的速度。针对该问题,组合导航系统具备强抗干扰能力,可以在高粉尘、低能见度的工况下,利用基于卡尔曼滤波的多源信息精确融合与干扰剔除算法,依靠自身传感器保障实时定位系统可靠运行,保证单班的连续工作。同时,组合导航系统具备校准与修正功能。作业人员可按照施工需要,根据现场辅助测量结果,通过输入空间绝对定位坐标或偏差修正量,随时修正定位误差,并快速应用到作业工序中,可使掘支锚运探一体机实现自动行走功能。设备自动行走逻辑原理如图 4-1-7 所示。组合导航系统具备掘支锚运探一体机行走跑偏预警与自动纠偏功能,中心偏移距离小于或等于 5 cm,偏移角小于或等于 0.5°。

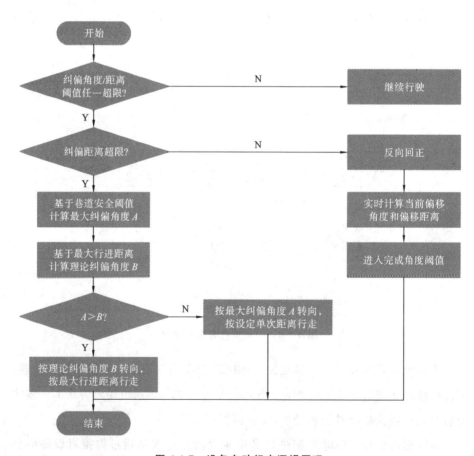

图 4-1-7　设备自动行走逻辑原理

4.2 掘进工作面破碎顶板条件下全断面临时支护系统设计

4.2.1 帮网与顶网

网有多种形式,按材料划分,可分为金属网、非金属网和复合网。金属网分钢(铁)丝网和钢筋网。钢(铁)丝网一般采用直径为 2.5～4.5 mm 的钢(铁)丝编织而成。根据网孔形状的不同,网又分为经纬网和菱形。经纬网网孔的尺寸一般为 30 mm×30 mm～60 mm×60 mm,而菱形网网孔的尺寸为 40 mm×40 mm～100 mm×100 mm。菱形网由于具有柔性好、强度高、连接方便等优点,正在逐步取代经纬网。

钢筋网是由钢筋焊接而成的大网格金属网,钢筋直径一般为 6 mm 左右,网格尺寸为 100 mm×100 mm 左右。这种网强度和刚度都比较大,不仅能够阻止松动岩块掉落,而且可以有效增加锚杆支护的整体效果,适用于大变形、高地应力巷道。

为克服金属网钢材消耗量大、成本高等缺点,有些矿区采用塑料网,其特点是成本低、轻便、耐腐蚀等。塑料网分为编织网和压模网:编织网强度和刚度小,整体性差,受力后变形大,围岩易鼓出;压模网整体性好,强度和刚度明显增大,护表能力显著提高。

复合网将钢丝与塑料采用一定的工艺复合在一起,整体性、强度和刚度进一步增大,控制围岩变形的能力强。复合网是一种很有应用前景的网,目前正在推广应用。

4.2.2 乌海能源全断面临时支护装置研制总体方案

随着矿井开采深度的不断增加,地质因素已成为影响矿井"高效高产"的第一要素,特别是极为常见的顶板破碎问题,对快速掘进的安全及效率影响极大。临时支护是为了防止顶板岩石和片帮的掉落而采取的现场临时支护措施,在掘进和锚杆支护作业时能够给予巷顶一个初撑力,防止巷顶碎岩掉落造成操作人员伤害,大大提高作业的安全性。

乌海能源有限责任公司研制了自动铺网装置,顶锚网和帮锚网的铺设由自动铺网装置完成。针对破碎顶板的特殊条件,研究人员将顶网铺设装置与临时支护装置(见图4-2-1)结合,实现了零空顶距支护和高效自动铺网,利用自动锚钻机最终完成快速自动支护。该方法能够替代人工操作并对破碎顶板进行快速有效支撑。

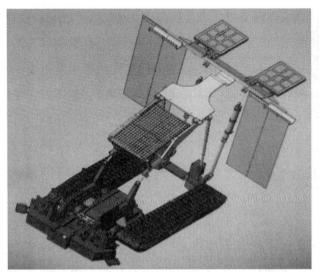

(a)顶网及护盾装置　　　　　　　　(b)帮网装置

图 4-2-1　临时支护装置示意图

4.2.3　临时支护装置方案

临时支护装置采用液压驱动方式,组成机构和支撑方式分别为连杆式机构和水平式支撑,由自动铺网装置、顶锚网、帮锚装置、护盾等组成。顶锚网和帮锚网的铺设由自动铺网装置完成,自动铺网装置由网卷库、撑紧装置组成,操作人员提前卷好网卷,放置在铺网装置内,随掘锚一体机自动行走,网片自动展开并贴紧巷道侧帮和顶部,顶网铺设装置设置在顶锚杆机前,帮网铺设装置设置在帮锚杆机前。

4.2.4　临时支护装置运动分析

临时支护装置工作时,通过调整液压缸运动,顶板、挡板等协同工作,动臂变幅油缸、升降油缸、顶架变幅油缸进油腔依次进油,该装置可达到支护状态。临时支护装置由初始状态运动至支护状态示意图如图 4-2-2 所示。

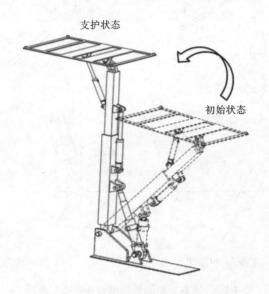

图 4-2-2 临时支护装置运动状态示意图

临时支护装置变幅机构主要由顶架变幅机构(顶部)和动臂变幅机构(底部)两部分组成,升降油缸等装置对其运动状态的变化不产生影响,在进行变幅油缸力臂随变幅角度变化研究时可不考虑。临时支护装置的运动分析模型简图如图 4-2-3 所示,变幅机构连接铰点共有 6 个。

图 4-2-3(a)中,点 B 为变幅油缸底座在平台上的铰点,点 C 为变幅油缸活塞杆在动臂上的铰点,点 E 为套筒与顶架连接铰点,点 F 为变幅油缸活塞杆在顶架上的铰点,点 G 为变幅油缸底座在动臂上的铰点,点 O 为动臂在平台上的铰点,点 A 为铰点 C 到动臂的垂足,点 D 为铰点 G 到动臂的垂足。

图 4-2-3(b)中,点 I 为铰点 E 到 FG 的垂足,d 为点 D 与铰点 E 沿套筒轴线方向的间距,e 为铰点 E、F 的间距,f 是铰点 G 垂直于底座的距离,ε 为铰点 F、E 连线与套筒轴线方向之间的夹角,δ 为铰点 G、E 连线与套筒轴线方向之间的夹角,L_{h2} 为铰点 E 到 FG 的垂直距离。

通过对图 4-2-3 中简图的几何分析,可以得到:

$$\frac{1}{2}\overline{FG}\times L_{h2}=\frac{1}{2}\overline{EF}\times\overline{EG}\times\sin(\varepsilon-\delta) \tag{4-2-1}$$

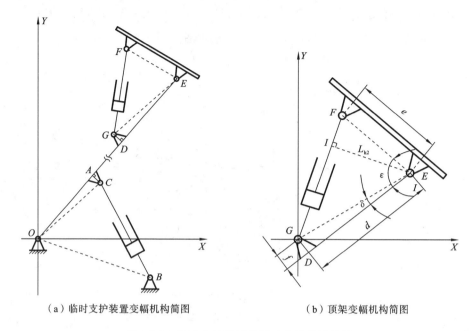

（a）临时支护装置变幅机构简图　　　　　　（b）顶架变幅机构简图

图 4-2-3　临时支护装置的运动分析模型简图

$$\delta = \arctan \frac{f}{d} \qquad (4\text{-}2\text{-}2)$$

在△FEG中，根据余弦定理可得：

$$\overline{FG}^2 = \overline{EF}^2 \times \overline{EG}^2 - 2\,\overline{EG} \times \overline{EF} \times \cos(\varepsilon - \delta) \qquad (4\text{-}2\text{-}3)$$

$$\overline{EG} = \sqrt{d^2 + f^2} \qquad (4\text{-}2\text{-}4)$$

得到液压缸所在 FG 段长度：

$$\overline{FG} = \sqrt{\overline{EF}^2 \times \overline{EG}^2 - 2\,\overline{EG} \times \overline{EF} \times \cos(\varepsilon - \delta)} \qquad (4\text{-}2\text{-}5)$$

根据以上公式可以推导得到液压缸的力臂：

$$L_{h2} = \frac{\overline{EF} \times \overline{EG} \times \sin(\varepsilon - \delta)}{\sqrt{\overline{EF}^2 \times \overline{EG}^2 - 2\,\overline{EG} \times \overline{EF} \times \cos(\varepsilon - \delta)}} \qquad (4\text{-}2\text{-}6)$$

根据上述公式借助连续函数可得到变幅角度与力臂的关系曲线，如图 4-2-4 所示。

根据建立的数学模型在 MATLAB 中进行顶架变幅液压缸力臂计算，计算结束后选取铰点在垂直于液压缸轴线上的距离（即液压缸力臂）进行位置提取，得到顶架变幅油缸力臂变化曲线，如图 4-2-5 所示。

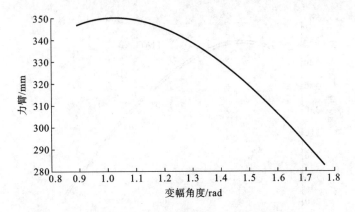

图 4-2-4　变幅角度与力臂的关系曲线

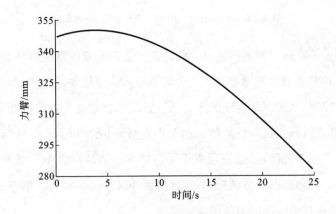

图 4-2-5　顶架变幅油缸力臂变化曲线

　　将数学模型通过 MATLAB 计算后得到结果（铰点在垂直于液压缸轴线上的距离变化曲线）与 ADAMS 仿真结果进行对比，对比结果如图 4-2-6 所示。

　　从图 4-2-6 中可以看出，ADAMS 仿真曲线与 MATLAB 理论曲线的总体趋势基本一致，顶架变幅油缸位置两者间最大偏差为 0.0392 mm，偏差值在合理范围内，从而验证了数学推导式的正确性以及变幅油缸力臂运动规律的合理性，为临时支护装置变幅机构的参数化设计提供了理论依据。

4.2.5　临时支护装置的液压系统

　　稳定、协调的液压系统对临时支护装置功能的正常实现至关重要，因此需对

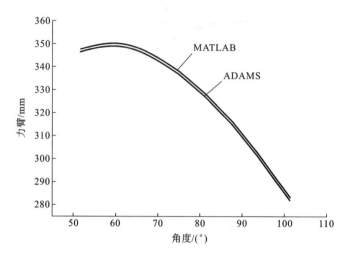

图 4-2-6　MATLAB 和 ADAMS 仿真曲线对比

临时支护装置的液压原理进行测试。临时支护装置的液压原理如图 4-2-7 所示。

临时支护装置通过阀组串并联与分流集流阀的分流集流作用，实现对多个液压缸的协同控制，从而保证有序工作。该装置从综合自动化掘进机联阀组件取压力油源，通过五联阀组控制各缸体。两个内置缸分别由 1 号阀、2 号阀控制，实现旋转内臂的不同步升降，以适应顶板不平的情况。旋转缸由 4 号阀控制，实现旋转臂的转动。调角缸由 3 号阀控制，实现接顶外梁的水平接顶。单伸缩缸由 5 号阀控制，实现接顶内梁的向前伸出。

临时支护装置工作时能够实现有效锁紧，能够承受顶板破裂对支护系统的冲击，保证支护稳定，进而保护下方巷道空间、设备与人员安全，这是对临时支护装置的基本要求。能够实现液压缸的锁死是实现支护稳定的关键，临时支护装置的液压锁死回路如图 4-2-8 所示。

该回路采用双液控单向阀进行回路控制，采用中位机能为 H 型的三位四通阀进行液压缸动作控制。当临时支护装置到达支护位置后，换向阀切换至中位，此时液压缸在双液控单向阀的作用下实现锁死。

临时支护装置以综合自动化掘进机截割部为载体进行安装，能够自由地随综合自动化掘进机行走，由综合自动化掘进机系统自身的双联柱塞泵提供动力，以多路控制阀控制动作，实现液压机械一体化，使综合自动化掘进机实现截割与支

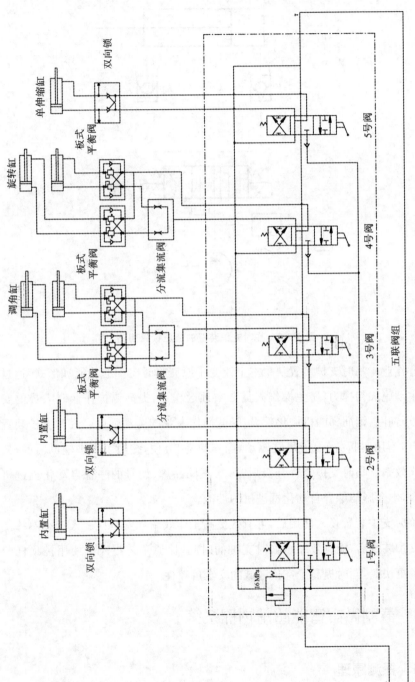

图 4-2-7 临时支护装置的液压原理

113

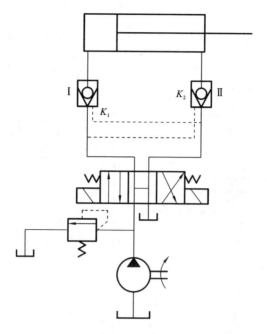

图 4-2-8　临时支护装置的液压锁死回路

护交替作业。临时支护装置从根本上改变了原有临时支护的功能和形式,通过向顶板主动施加初撑力,避免操作人员在空顶区作业,提高锚护作业时人员的安全性,实现锚网、钢筋梯的机械化敷设,降低操作人员的劳动强度。临时支护装置用时展开,不用时折叠,由液压缸驱动,操作简易、方便,缩短了支护辅助时间,提高了工作效率。临时支护装置升级后,可与不同品牌、型号的综合自动化掘进机有机结合,不会影响综合自动化掘进机的性能。

临时支护装置投入使用后,可有效提高工作效率和安全性。人工在熟练使用临时支护装置后,能有效缩短临时支护的时间,比原工艺中人工使用挑顶杆的临时支护更快捷,同时提高了空顶区域的安全可控性。

4.3　截割微震智能超前物探系统

4.3.1　探测原理

在已掘巷道后方布置随采/掘地震观测系统,利用掘进机的截割滚筒对煤壁的截割产生的大量伪随机连续震源,全时接收煤层中截割振动信号,采用去噪相关叠加等智能算法进行处理,把综掘机或采煤机的震源信号转换为主动震源信号,从而发挥掘进前方和工作面内构造的动态超前探测作用。

1. 反射波干涉原理

图 4-3-1 介绍了反射波干涉技术的基本原理。在图 4-3-1(a)中,两个检波点位于地表,震源位于地下介质中,向地表发射子波,该子波被其中一个检波器接收;在图 4-3-1(b)中,由地下震源激发的子波在地表反射向下传播,在地下经过又一次反射后,返回地表被另一个检波器接收。图 4-3-1(a)、(b)中震源有相同的传播路径,即从震源到第一个检波点。通过互相关计算(图中⊗表示的是互相关),该相同传播路径被消除,只留下从第一个检波器到第二个检波器之间的路径。因此,这一结果(见图 4-3-1(c))相当于在第一个检波点处激发、在第二个检波点处接收的响应。震源为脉冲震源,在自由表面激发,在自由表面接收到的上行波为反射波响应,随后,经自由表面反射向下传播。

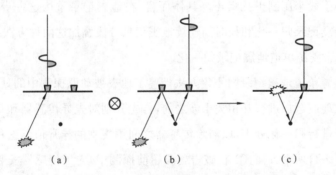

图 4-3-1　反射波干涉技术的基本原理

2. 时频转换相关原理

振动信号处理中,傅里叶变换和快速傅里叶变换作为最常用的数字信号时频分析方法,可将信号的时域特征和频域特征结合起来,既可反映振动信号的频率信息,又可反映频率信息随时间的变化规律。

短时傅里叶变换是用一个时窗足够窄的窗函数与时域信号相乘,窗内的信号近似视为平稳信号,在窗内进行傅里叶变换,得到信号的频域特征,随着短时窗在时间轴上的移动,得到随时间变化的频谱信息。连续信号的短时傅里叶变换表达式为

$$S(\omega,\tau) = \int_{-\infty}^{+\infty} x(t)g^*(t-\tau)e^{-j\omega t}\,dt \qquad (4\text{-}3\text{-}1)$$

式中:$x(t)$为待分析信号;$*$为复共轭符号;$g(t-\tau)$为窗函数。其中,$g(t-\tau)$进行时域限制,$e^{-j\omega t}$进行频域限制。信号的短时傅里叶变换结果$S(\omega,\tau)$反映了待分析信号$x(t)$在时间τ、频率ω下的信号成分的相对含有量,信号可在窗函数上展开为时域窗口、频域窗口区域内的信号特征,窗口的时宽和频宽越小,其所在的时频域分辨率越高,若想取得更好的时频域分析效果,窗口的时宽和频宽应足够小,但根据 Heisenberg 测不准原理,窗口的时宽和频宽是相互制约的,不可能同时任意小,短时窗有较高的时间分辨率,但频率分辨率较低。通过选定合适的窗口对截割振动信号进行短时傅里叶变换,确定振动信号频域信息随时间的变化特征。

3. 震源干扰噪声压制方法

实际探测过程中会存在较强的外部噪声,在互相关干涉处理中会引入噪声干扰,这些干扰导致地震记录信噪比较低,因此在随掘地震超前探测方法中,需要综合采用多种手段来压制干扰噪声。具体而言,在地震记录重构这一步骤中,主要采用单道地震记录归一化和长时间连续地震记录分段叠加这两种方法。

(1)破岩震源单道地震记录归一化。

破岩震源单道地震记录归一化方法借鉴了地表被动源探测中的处理思路,在对破岩震源地震数据进行互相关干涉之前,首先分别对先导传感器和每个接收传感器的信号进行归一化处理,以消除传感器之间不规则的异常值。这种不规则的异常值主要来自两个方面:① 在破岩震源超前探测中,先导传感器安装在刀盘后方直接测量破岩震动,需要拥有较大的测量量程,相对来说,安装在隧道边墙上的接收传感器的量程则相对较小,先导传感器和不同接收传感器之间都会存在设备的响应差异;② 在长期连续测量过程中不同位置的接收传感器可能同时受到附近机器工作、人为活动等相干噪声影响,也会在互相关干涉处理过程中引入干扰。

破岩震源单道地震记录归一化主要分为时域归一化和频域谱白化两种方法,旨在使地震信号在相应域内变得更加平滑。

(2)破岩震源长时间连续地震记录分段叠加。

破岩震源地震波超前探测中,先导传感器和接收传感器都需要长时间连续记录地震信号,这有助于提高互相关干涉后地震记录信噪比,互相关干涉后信噪比

的提高与记录长度 L 和频带宽度 W 有关,由于破岩震动是不可控的,其频带宽度 W 也是难以人为控制的,因此只能通过增大先导传感器信号和接收传感器信号的记录长度 L 来提高信噪比。而记录长度 L 受到采集仪器性能和现场掘进情况的限制,也不可能做到无限长时间采集,这时可以采用分段叠加的方法来弥补。

分段叠加方法是将长时间采集到的先导传感器信号和接收传感器信号,首先按照一定的时间长度进行分段截取,每段的时间长度 Δl 应根据实际探测的需要进行选择,然后将数据 Δl 分别进行互相关干涉处理,最后进行垂直叠加,这样不相干噪声在叠加后会互相抵消,有效信号能量增强,达到提高地震记录信噪比的目的。

4.3.2　微震超前物探系统

1. 简介

开采过程诱发的震动与天然地震类似,都是岩体应力释放产生的震动,而微震有其自身特点。地震是构造应力作用下断层活动引起的大地强烈震动,震源一般较深,浅则几千米,深则几十千米,甚至上百千米;而微震则主要是人为开采矿产资源引起的开采区域及附近煤岩体的震动,相较于天然地震,其强度及影响范围要小得多。

根据煤矿地质资料分析,微震发生的主要因素有采深、褶曲、断层、煤柱等。而这些因素导致微震发生具有其本身的力学机理,而最为直接的是这些因素往往导致高应力及高应力差。高应力和高应力差是导致煤岩体破坏以及失稳的直接原因,若煤岩体本身存在诸如断层、巷道表面等结构弱面,煤岩体将极易产生运动,此时的煤岩体处于极限平衡状态。这种平衡是非稳定的平衡,当遇到掘进活动的扰动时,平衡将被打破,随即产生微震。

微震超前物探系统(见图 4-3-2)要具有实时、连续分析巷道前方地质构造的功能,实现探测和采掘同步,不影响生产;具备构造预报的功能。该系统具有数据采集、上传功能,能够与矿方建设的透明地质系统信息互通。

2. 工作原理

根据弹性波理论,岩体的瞬间破裂会激发弹性波。这些弹性波携带着破裂源的信息,依赖岩体弹性介质向四周传播。可通过建立矿山微震监测系统,利用微

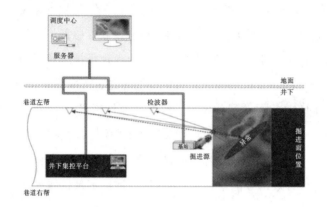

图 4-3-2　微震超前物探系统示意图

震传感器在远处测量这些弹性波信号,然后根据所监测的微震信号特征来确定破裂的发生时间、空间位置、尺度强度及性质。不同的岩石破裂对应不同的微震信号特征,而煤矿冲击矿压、微震等煤岩动力现象,与岩体的微破裂有着必然联系。

岩石的体积形变产生纵波(P波),在它的传播区域里岩石发生膨胀和压缩,而岩石的切变产生横波(S波)。纵波和横波以不同的速度传播,波速与岩石的弹性系数和密度有关。纵波和横波在震源周围的整个空间中传播,统称为体波。纵波和横波未遇到界面时,可以认为在无限介质中传播。当纵波和横波遇到界面时,会激发界面产生沿着界面传播的面波,面波在垂直于界面的方向上只有振幅的变化,振幅按指数规律衰减。

对微震破裂机制的研究可极大提高人们对工作面周围采动应力场和煤岩破裂特征的认识,研究不同微震的特征以及采集开采过程中的微震信号,对微震信号进行分析并提取特征,进一步实现煤岩识别以及透明地址建模,连续分析地质构造,进行信息互通,指导开采工作高效进行。

4.3.3　物探系统现场分析

1. 超前物探系统建模

透明地质保障系统是数据驱动的智能系统,利用静态地质数据构建基础地质信息模型,基于实时地质数据驱动模型动态更新,实现矿井地质信息的时空透明化。可见,实时地质数据是地质信息透明化的核心驱动力,实时地质数据的有效获取至关重要。目前最具应用前景的实时地质数据获取手段是以随掘地震、随采地震为代表的智能探测技术。

利用先进的计算机、信息技术手段，将获得的零散、孤立的多种地质信息集成起来，结合随掘地震、随采地震等智能探测结果，构建高精度三维地质模型，实现地质信息透明化，支撑煤矿智能化采掘两条作业线的高效运转。三维地质建模的基础是海量的多源异构地质数据，为了有效存储和管理地质数据，需要构建满足地质保障系统需求的数据底座。基于数据底座，将钻探、物探、写实、观测、图件等各类型矿井基础数据整理、分类并数字化存库，有效融合多源异构数据，构建多尺度、多属性三维地质模型。

基于空间地质数据，采用离散光滑插值算法依照网格结点的空间拓扑关系构建地层和地质模型，将地质界面视为离散化的不连续界面，地质点及地质勘探等数据作为约束条件，在这些约束条件下求解目标函数——全局粗糙度函数的最优解，得到符合约束条件的最优地质界面。其中，定义三维地质模型 $M_b(\Omega, B, \varphi, C)$，其中，$\Omega$ 是构成模型的所有节点，B 是每个节点的领域点集，φ 是每个节点的 b 阶矢量属性函数，C 为每个节点的约束。约束条件下的全局粗糙度函数 $R^*(\varphi)$ 为

$$R^*(\varphi) = R(\varphi) + \gamma \cdot \bar{\omega} \cdot \rho(\varphi) \tag{4-3-2}$$

式中：$R(\varphi)$——全局粗糙度函数；

$\rho(\varphi)$——全局约束违反度函数；

γ——约束因子；

$\bar{\omega}$——平衡因子。

用该算法求解 φ 实际上就是使函数 $R^*(\varphi)$ 最小，即

$$\frac{\partial R^*(\varphi)}{\partial \varphi} = 0 \tag{4-3-3}$$

该方法不以空间坐标为参数，是一种不受维数限制的差值方法。三维地质建模过程是在插值算法基础上的地质信息分析结果的表达与展示，基于地质数据分析和归类分层结果，合理确定模型边界，构建整套地层的几何模型；依据构造、采空区分布信息，创建相应地质体模型。根据地层面、井田边界、断层构造等地质要素，建立对应的线框模型；为了兼顾模型精度和计算量，需要合理划分建模网格，将已构建的层面线框进行网格化；合理修正模型面，得到具有较好三维可视化效

果的三维地质模型,如图 4-3-3 所示。

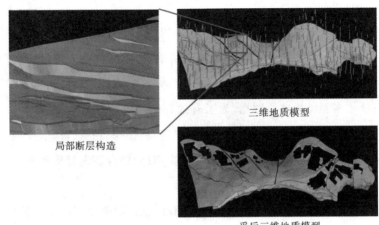

局部断层构造　　　　三维地质模型

采后三维地质模型

图 4-3-3　三维地质模型

2. 现场数据

针对掘进巷道现场施工条件及掘锚机操作流程,特提出基于掘锚机掘进扰动震源的巷道地质信息随掘地震超前探测系统布置及排列滚动形式,示意图如图 4-3-4 所示。

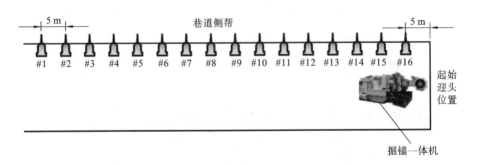

图 4-3-4　随掘地震超前探测系统布置及排列滚动形式示意图

巷道侧帮布置 16 个微震传感器(图中♯1～♯16),用以全时记录盾构机切割岩体的震动信号,传感器间距为 5 m,♯16 传感器与掘锚一体机所在起始迎头位置间距为 5 m。掘锚一体机向前掘进过程中,每隔 5 m 在侧帮打锚杆,便于传感器的滚动与连接。

现场采集到的随掘地震数据的主要处理流程如下:随掘地震记录干涉处

理—虚拟地震记录—数据预处理—频谱分析—直达波求取—反射波提取—速度分析—深度偏移—界面提取,如图 4-3-5 所示。

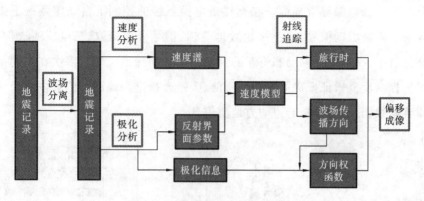

图 4-3-5　随掘地震数据处理流程

针对观测系统不同的设计,以截割震动传感器信号作为被动源,结合侧帮传感器信号进行相关干涉处理,在经过相关处理后,X、Y、Z 三个分量均可见较为明显的直达波信号,如图 4-3-6 所示。

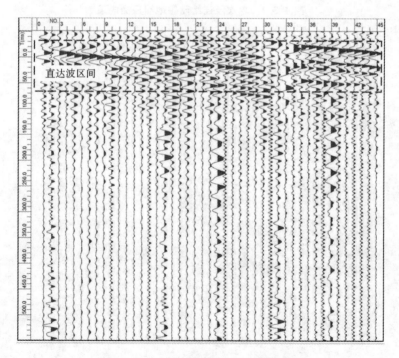

图 4-3-6　随掘地震相关干涉处理结果图

　　提取震动三分量反射波数据,记录在近似速度模型上,得到随掘地震的偏移成像。单次及连续随掘地震探测成果如图 4-3-7 所示,根据 3 类地震剖面综合分析得出强振幅异常界面。在掘锚机电控系统的控制下自动跟随掘进工作循环采集截割振动信号,通过多轮数据叠加、信号分离提取、三维反演成像,得到高分辨率、高准确性和动态更新的预报结果。物探系统通过多次在不同掘进位置的探测反复验证掘进前方的地质信息,结合掘进和地测部门提供对应区域地质背景数据,综合分析巷道前方地质信息。

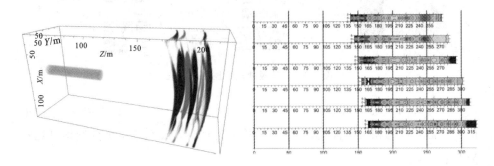

图 4-3-7　单次及连续随掘地震探测成果

第 5 章
机身姿态及自主截割控制系统研发

5.1 组合导航系统机身位姿监控

为了能够适应井下掘进工作面复杂的采矿环境,实现掘进机群联动工作乃至少人化或无人化开采,首先必须实现对工作面掘进机的空间位置及姿态的准确监测。

5.1.1 掘进机定位定姿技术研究

以煤矿巷道掘进工作面等为代表的地下掘进作业存在风险高、效率低、人员多等问题,迫切需要地下掘进装备实现少人化、无人化自动作业。定位导航技术是自动掘进的关键,但掘进工作面存在闭塞、狭小、高粉尘、低可视度等恶劣环境条件,常规测量手段受到较大限制。随着智能快速掘进装备的发展,掘进进尺速度普遍突破 500 米/月并向 1000～2000 米/月级别发展,在自动连续作业和行走、纠偏等过程中,快速掘进装备需要高频率、不间断的实时定位反馈,这对定位系统提出了更高的要求。以光学测量为主的定位导向系统定位精度高,但容易受到掘进时粉尘、配套设备遮挡等影响而导致测量中断。对于基于惯性导航单元与里程计的融合定位系统,其里程计在巷道底板场合中存在打滑、标度因数不准和误差累计放大问题。基于雷达的定位系统基站布局受限于巷道狭长空间,导致航向姿态、高程位置等测量精度下降,需通过融合其他测量方法进行改进。总体来说,在满足掘进定位精度要求的前提下,提高定位方法的环境适应性和测量实时性依然是当前需要进一步研究的重要问题。因此,亟须设计一种环境适应性强、测量实时性高的导向系统,采用自标定惯性导航单元与高精度测距雷达单元,基于卡尔曼滤波建立实时位置推算方法,通过试验验证导向系统的定位误差特性,该导向系统能为连续快速掘进装备提供不间断动态定位参考。针对地下掘进装备导向系统易受粉尘、遮挡干扰问题,实时定位系统(见图 5-1-1)以惯性导航单元和超宽带测距雷达单元为主要测量装置;基于卡尔曼滤波算法推导状态预测更新和测量更新方程;采用位置推算方法可抑制速度与位置漂移发散,实时输出有效的定位结果;位置推算误差随掘进行走距离增加呈现随机游走特性,实时定位精度可满足单班连续掘进 25 m 以上的快速掘进要求。

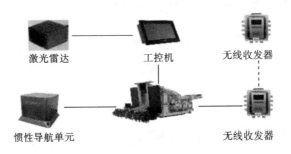

图 5-1-1　多传感器融合实时定位系统

(1)捷联惯导惯性测量器件。

掘进工作面的环境十分复杂,掘进机在掘进时,机身受到冲击、高压、瞬间高负荷等。合理地选择惯性测量元件对于捷联惯导在掘进机上的使用十分重要。惯性测量系统在掘进机上使用的惯性测量元件由三轴陀螺仪和三轴加速度计组成,惯性测量系统的应用建立在惯性测量元件的工作原理实现的基础上。

(2)陀螺仪工作原理。

在姿态测量系统中,陀螺仪作为其核心部分,是以推算定位为基本原理的惯性元件。根据工作原理的不同,陀螺仪分为以下两种类型。

① 以经典力学为基础的陀螺仪,比如振动式陀螺仪、机械式陀螺仪以及基于微机电系统(MEMS)加工工艺的微机械陀螺仪。

② 基于现代物理学的光学陀螺仪,主要有光纤陀螺仪和激光陀螺仪。

陀螺仪用来测量绕一个轴线的旋转角增量的大小,其工作原理是利用转子的惯性特点,通过测量各个转轴的角速度和变换计算,可以进行姿态变换矩阵的更新。

(3)加速度计工作原理。

加速度计是测量载体线加速度的仪表,也是载体位姿测量和控制系统中的重要元件,惯性导航是在加速度计测量原理的基础上实现的,利用加速度计的一次积分得到载体速度,二次积分得到位移,对速度和位置没有进行直接测量。

5.1.2 掘进机空间运动分析

掘进机空间运动分析以及方程的构建是进行定位定姿的前提,主要包括系统坐标系建立和空间运动方程的推导两部分。

掘进机定位主要是确定其机身在牵引及推溜过程中各时刻的位置,而不考虑悬臂与掘进机之间的相互运动。由于掘进机的机身过于庞大,无法将其视作普通的质点,因此需要在掘进机机身上选取一个特征点作为其位置参考点,并以此特征点作为工作面三维坐标中确定机身位置的唯一参考点。

在研究地球表面附近运动的物体时,首先要选定一个参考坐标系,如地面,才能知晓载体的地理位置及其航向与水平姿态。因此,在讨论掘进机相对于工作面的运动状态,确定其位置信息时,首先必须建立对应的参考坐标系。描述物体相对运动时有五种常用的坐标系,分别是地心惯性坐标系、地球坐标系、地理坐标系、载体坐标系和导航坐标系。

(1)地心惯性坐标系。

地心惯性坐标系是测量运动信息的基准参考,其坐标原点位于地球的中心,三个轴指向空间固定的方向,不随地球自转发生变化。

(2)地球坐标系。

地球坐标系与地球固连,并以 $15.040107°/h$ 的地球自转角速度不断旋转变化,一般用经纬度和高度来描述该坐标系下的载体位置。

(3)地理坐标系。

地理坐标系的原点一般设在地球表面运动载体的重心,其坐标轴 X_t、Y_t 和 Z_t 分别指向地球正东方向、地球正北方向和天向,通常称为"东-北-天"坐标系。根据坐标轴定义的不同,地理坐标系还称为"北-东-地"坐标系、"北-西-天"坐标系,不同取法对应不同的姿态变换矩阵,但是对导航计算结果没有影响。

（4）载体坐标系。

载体坐标系通常固连运动载体,以载体质心为坐标原点,载体纵轴（侧倾轴）为 Y_b 轴,向前为正;将载体横轴（俯仰轴）作为 X_b 轴,向右为正;根据右手坐标系定义,Z_b 轴（偏航轴）沿竖轴向上。确立载体坐标系与地理坐标系间各轴向的角度关系即可得出载体相对于地球表面的运行姿态。

（5）导航坐标系。

导航坐标系作为定位系统导航基准的坐标系,一般根据实际需要来选取,当选取的导航坐标系与地理坐标系重合时,导航坐标系又可称为指北方位系统。

根据前述常用坐标系的定义,建立适用于分析掘进机运动的相关坐标系,在对掘进机空间运动进行分析时,可将其看成刚体,因此从刚体力学出发,掘进机在煤矿井下工作面的空间运动可以分解为两部分,分别是随载体坐标系原点的平动和绕原点的转动。

5.1.3　定位系统分析

1. 面向掘进机的捷联惯性导航系统定位基础

掘进机实时位置及机身姿态信息检测是实现"三机"目标协作跟踪和记忆截割的基础。但是受工作面地形以及煤岩性质连续变化的影响,在掘进机运行过程中由于其受到各种扰动运动状态会改变,从而难以实时确定掘进机的速度、位置、姿态等运动参量。惯性导航系统则依据质量体本身的惯性信息,利用陀螺仪、加速度计等惯性敏感元件,能够提供载体如线加速度、角速度等多种运动信息,不需要任何外来信息,属于自主导航系统。此外,惯性导航系统不依赖外在环境条件（如气象、地形等）即可工作,而且不易受干扰。

2. 捷联惯性导航系统原理

捷联惯性导航系统主要由陀螺仪和加速度计等惯性测量单元构成,如图5-1-2所示,使用时将其直接与载体固连,并保证两者的敏感轴高度重合。陀螺仪作为敏感载体角速度的测量装置,其输出值表示载体相对地心惯性坐标系的转动角速度。加速度计作为敏感载体加速度的测量装置,通过测量惯性力来间接获得载体各轴向的瞬时加速度。与平台式惯性导航系统不同,捷联惯性导航系统采用数学算法建立起载体坐标系与导航坐标系之间的联系,用数学平台替代了复杂的机电物理实体平台,具有体积小、重量轻、成本低、安装和维护方便等特点。通过实时解算陀螺仪输出角速度与导航参数的联立结果,可求出当前时刻载体坐标系至导航坐标系的姿态变换矩阵,该矩阵除了能提供载体的水平姿态与航向信息外,还能将加速度计测得的比力信息投影到导航坐标系下,结合载体初始惯性信息,如初始速度、位置、姿态等,通过高速积分即可获得载体的实时速度与位姿。

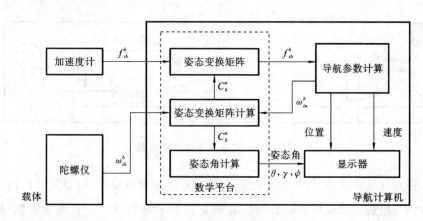

图 5-1-2 捷联惯性导航系统原理

3. 基于惯性传感器导航系统的掘进机定位

将捷联惯性导航系统直接固连在掘进机机身,确保内部惯性仪表各轴与掘进机载体横轴、纵轴、竖轴分别平行。由于捷联惯性导航系统测得的掘进机惯性参量处于载体坐标系,无法直接用于定位计算,必须先将其变换到导航坐标系才能进行定位计算。

姿态更新是根据捷联惯性导航系统的输出实时计算载体坐标系到导航坐标系的姿态变换矩阵,它是处理捷联惯性导航数据过程中最重要的一环,直接影响到掘进机姿态信息感知的精度。目前关于姿态更新算法的研究已有很多,常见的有欧拉角法、方向余弦法、四元数法和等效旋转矢量法等。姿态更新算法必须要考虑传感器本身的测量误差、计算精度以及程序运行效率,当前工程实践领域一般多采用四元数法和等效旋转矢量法。由于陀螺仪具有标度因数误差、耦合误差和零偏误差等误差,因此在进行姿态解算的时候需根据厂家所给出的传感器相关参数建立陀螺仪误差模型,再对其输出角速度信息做补偿处理。

5.1.4　定位系统硬件分析

考虑到巷道空间狭小、高粉尘、易遮挡等环境及连续截割作业工况的适应性,选择自标定惯性导航单元和高精度测距雷达作为主要测量装置。定位系统构成示意图如图 5-1-3 所示。

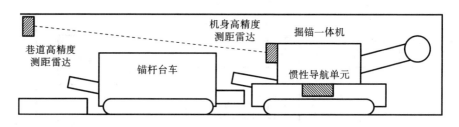

图 5-1-3　定位系统构成示意图

惯性导航单元由 3 个光纤陀螺、3 个石英挠性加速度计、单轴旋转机构、控制电路等组成。单轴旋转机构可以在静止状态下利用不同位置测量数据对惯性导航零偏等参数进行校正,从而可以长期保持惯性导航单元的姿态精度,免除定期拆机标定以及重新安装校准。惯性导航单元安装在底盘平台靠近两侧履带的中心位置。惯性导航单元在上电启动后自动寻北,5 min 寻北完成后即开始输出惯性导航姿态以及三轴加速度、角速度等信息。高精度超宽带测距雷达工作频率为 3.1~4.8 GHz,使用双向飞行时间(TOF)方法测量掘进机移动端射频单元与固定端射频单元之间的距离。测距雷达收发单元安装于机身后部上方,定向天线朝向正后方。测距雷达收发单元采用多脉冲信号积分功能,以提高信号信噪比和最大测距范围,测距分辨率为 0.1 cm,测距精度为 2 cm,对测量数据进行中值滤波以防止偶发误差对导向精度产生影响。在掘锚一体机上通过左、右履带中轴线设定参考标志点,建立机身坐标系,使用全站仪标定超宽带收发天线中心点与惯性导航单元相对机身坐标系的坐标。机身上方设置的参考棱镜,用于测量机身相对巷道坐标系的位置。定位系统启动前标定初始位置偏差,惯性导航单元启动上电并静止 5 min,完成自寻北并进入导航模式,以固定间隔交替行走与静止的方式进行测试,持续记录导航系统输出位置信息。采用全站仪测量静止状态掘锚机机身参考棱镜的位置,作为机身定位推算结果的对照参考。

(1) 隔爆惯导 YJL24 参数。

隔爆惯导 YJL24 参数如表 5-1-1 所示。

表 5-1-1　隔爆惯导 YJL24 参数

序号	检验内容	技术要求
1	尺寸	380 mm×331.5 mm×292 mm
2	质量	43 kg
3	电压	直流输入电压范围为 20～32 V,额定电压为 24 V
4	功耗	启动功耗小于 100 W(3 s); 稳定功耗小于或等于 30 W
5	静基座对准时间	小于或等于 4 min
6	通信协议	惯性导航单元通过 CAN 总线和 RJ45 网络接口与综采系统通信
7	对准精度	航向精度小于或等于 0.03°; 姿态角精度小于或等于 0.01°

(2) 隔爆兼本安型激光扫描仪 GUJ127。

隔爆兼本安型激光扫描仪 GUJ127 的主要技术指标如下。

① 额定工作电压:127 V AC,工作电压范围为 95～140 V AC。

② 输入视在功率:≤50 V·A。

③ 探测距离:≤100 m。

④ 测距精度:盲区为 5 cm,测量精度为 3 cm。

对于以太网电口(本安),接口数量为 1 个,传输方式为 TCP/IP 全双工,传输速率为 10 Mbit/s 或 100 Mbit/s 自适应,信号工作电压峰值小于或等于 5 V,最大传输距离为 80 m(使用煤矿用通信电缆,单芯截面积不小于 0.75 mm^2)。

对于以太网电口(非安),接口数量为 1 个,传输方式为 TCP/IP 全双工,传输速率为 10 Mbit/s 或 100 Mbit/s 自适应,最大传输距离为 80 m(使用煤矿用聚乙烯绝缘聚氯乙烯护套通信电缆,电容为 $0.06~\mu\mathrm{F/km}$,电感为 $0.8~\mathrm{mH/km}$,电阻为 $12.82~\Omega\mathrm{/km}$),信号电压峰值为 $1\sim7~\mathrm{V}$。

对于以太网光口,接口数量为 2 个,传输方式为标准 TCP/IP,传输速率为 $100~\mathrm{Mbit/s}$,发射光功率为 $-15\sim-5~\mathrm{dBm}$,接收灵敏度为 $-25~\mathrm{dBm}$,最大传输距离为 $10~\mathrm{km}$(MGTSV(2~96)B 通信光缆,波长为 $1310~\mathrm{nm}$,衰减系数为 $0.5~\mathrm{dB/km}$)。

(3)传感器布置

传感器布置如图 5-1-4 所示。

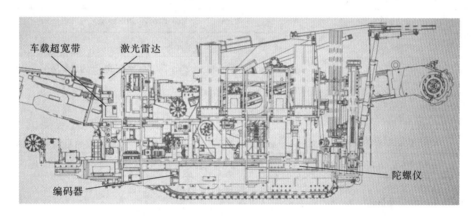

图 5-1-4 传感器布置

5.1.5 航位推算方法

首先约定导航系统相关的坐标系,如图 5-1-5 所示,其包括地理坐标系 g、巷道基准坐标系 n、机身坐标系 b、惯导坐标系 i。其中巷道基准坐标系是由巷道始发点、中线方向、腰线方向确定的坐标系,用于确定目标掘进方向,其与地理坐标系的转换关系 $(\boldsymbol{R}_g^n, \boldsymbol{p}_g^n)$ 由巷道设计给出。机身坐标系由底盘中心确定,其与巷道基准坐标系的转换关系 $(\boldsymbol{R}_n^b, \boldsymbol{p}_n^b)$ 反映了机身与巷道的姿态与位置偏差,是导航系统的期望输出。惯导坐标系是由惯性导航单元 3 个敏感轴确定的坐标系,在惯性导航单元安装完成之后,惯导坐标系相对于机身坐标系的转换关系 $(\boldsymbol{R}_i^b, \boldsymbol{p}_i^b)$ 由标定给出。

惯性导航单元寻北完成后,实时输出惯导坐标系方向的比力 $\boldsymbol{f}^i$、角速度 $\boldsymbol{w}^i$、

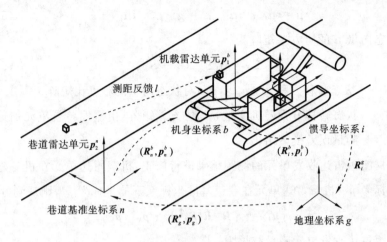

图 5-1-5　导航系统相关的坐标系示意图

以及惯导坐标系相对于地理坐标系的转换关系 $\boldsymbol{R}_i^g$。

考虑惯性导航比力解算基本方程：

$$\dot{\boldsymbol{v}}_b^n = \boldsymbol{R}_i^n \boldsymbol{f}^b - 2(\boldsymbol{\phi}^n + \boldsymbol{w}^n) \times \boldsymbol{v}^n + \boldsymbol{g}_n^n \qquad (5\text{-}1\text{-}1)$$

式中：$\dot{\boldsymbol{v}}_b^n$——载体在导航坐标系（即巷道基准坐标系）下的速度微分；

　　$\boldsymbol{f}^b$——惯性导航单元加速度比力；

　　$\boldsymbol{\phi}^n$，$\boldsymbol{w}^n$，$\boldsymbol{g}_n^n$——导航坐标系下的地球自转角速度、载体绕地运动角速度、重
力加速度。

忽略式（5-1-1）中载体运动速度的二阶小量 $\boldsymbol{w}^n \times \boldsymbol{v}^n$，进一步考虑惯性导航
单元加速度计零偏 $\widetilde{\boldsymbol{f}}^i$、加速度计噪声 $\boldsymbol{\varepsilon}_f$ 影响，结合巷道基准坐标系与地理坐标
系的转换关系，可得到巷道导航比力方程：

$$\dot{\boldsymbol{v}}_b^n = \boldsymbol{R}_n^{g\mathrm{T}} \boldsymbol{R}_i^g (\boldsymbol{f}^i - \widetilde{\boldsymbol{f}}^i - \boldsymbol{\varepsilon}_f) + \boldsymbol{R}_n^{g\mathrm{T}} \boldsymbol{g}_n^g - 2(\boldsymbol{R}_n^{g\mathrm{T}} \boldsymbol{\phi}^g) \times \boldsymbol{v}^n \qquad (5\text{-}1\text{-}2)$$

加速度计零偏 $\widetilde{\boldsymbol{f}}^i$ 随时间漂移，表示为

$$\widetilde{\boldsymbol{f}}^i = \boldsymbol{\varepsilon}_b \qquad (5\text{-}1\text{-}3)$$

导航系统的位置方程为

$$\dot{\boldsymbol{p}}_b^n = \boldsymbol{v}_b^n \qquad (5\text{-}1\text{-}4)$$

将速度 $\boldsymbol{v}_b^n$、位置 $\boldsymbol{p}_b^n$ 以及加速度计零偏 $\widetilde{\boldsymbol{f}}^i$ 组合为状态向量：

$$\boldsymbol{\mu} = \begin{bmatrix} v_{bx}^n & v_{by}^n & v_{bz}^n & p_{bx}^n & p_{by}^n & p_{bz}^n & \widetilde{f}_x^i & \widetilde{f}_y^i & \widetilde{f}_z^i \end{bmatrix} \qquad (5\text{-}1\text{-}5)$$

则可以将式（5-1-2）～式（5-1-5）表示为离散状态转移方程的离散形式：

$$\overline{\boldsymbol{\mu}}_k \approx \boldsymbol{\mu}_{k-1} + \dot{\boldsymbol{\mu}}_{k-1}\Delta t = g_n(\boldsymbol{\mu}_{k-1}, \boldsymbol{\mu}_k) + \boldsymbol{\varepsilon} \tag{5-1-6}$$

状态向量 $\boldsymbol{\mu}$ 的协方差矩阵为

$$\boldsymbol{\Sigma}_k = \boldsymbol{G}_k\boldsymbol{\Sigma}_{k-1}\boldsymbol{G}_k^{\mathrm{T}} + \boldsymbol{S}_{k-1} \tag{5-1-7}$$

式中:G——状态转移方程 $g_n(\boldsymbol{\mu}_{k-1}, \boldsymbol{\mu}_k)$ 对状态向量的雅可比矩阵;

S——状态转移方程随机变量 $\boldsymbol{\varepsilon}$ 的协方差矩阵,由惯性导航单元加速度计

测量误差模型给出。

根据测距雷达收发单元的测距结果进行修正,机载雷达单元在机身坐标系下的坐标为 $\boldsymbol{p}_1^b$,机载雷达单元在巷道基准坐标系下的坐标为 $\boldsymbol{p}_2^n$,则观测方程为

$$h_l(\boldsymbol{\mu}_k) = \| \boldsymbol{R}_n^{g\mathrm{T}}\boldsymbol{R}_i^g\boldsymbol{R}_i^{b\mathrm{T}}\boldsymbol{p}_1^b + \boldsymbol{p}_b^n - \boldsymbol{p}_2^n \| \tag{5-1-8}$$

测距雷达收发单元测量结果为

$$l = h_l(\boldsymbol{\mu}_k) + \delta_l \tag{5-1-9}$$

式中:δ_l——测量误差随机变量。

对测距雷达测量结果进行更新:

$$\boldsymbol{K}_k = \boldsymbol{\Sigma}_k\boldsymbol{H}_{lk}^{\mathrm{T}}(\boldsymbol{H}_{lk}\boldsymbol{\Sigma}_k\boldsymbol{H}_{lk}^{\mathrm{T}} + \boldsymbol{Q}_l) \tag{5-1-10}$$

$$\boldsymbol{\mu}_{k+1} = \boldsymbol{\mu}_k + \boldsymbol{K}_k(l - h_l(\boldsymbol{\mu}_k)) \tag{5-1-11}$$

$$\boldsymbol{\Sigma}_{k+1} = (\boldsymbol{I} - \boldsymbol{K}_k\boldsymbol{H}_{lk})\boldsymbol{\Sigma}_k \tag{5-1-12}$$

式中:H_{lk}——观测方程对状态向量的雅可比矩阵;

K_k——滤波增益;

Q_l——δ_l 的方差。

由于巷道空间狭长,式(5-1-11)产生的约束作用主要作用在 x 方向。为抑制导航系统 y、z 方向的误差发散,进一步引入行走机构运动约束条件:

$$h_m(\boldsymbol{\mu}_k) = (\boldsymbol{R}_b^n\boldsymbol{m}^b) \times \boldsymbol{v}_b^n = \boldsymbol{\delta}_m \tag{5-1-13}$$

式中:m^b——机身坐标系下的行走机构方向向量。

行走机构运动约束的更新方程与式(5-1-10)~式(5-1-12)相仿。由式(5-1-6)、式(5-1-7)的预测更新,以及式(5-1-10)~式(5-1-13)的测量更新,实现惯性导航系统 3 个方向的误差修正。

5.1.6　试验结果分析

采集多次行驶试验过程中全站仪测量的坐标及定位系统实时输出的坐标,

得到的典型轨迹如图 5-1-6 所示。每次行驶的全程距离约为 100 m，行驶方向接近正北方向（x 轴）。标记点坐标为使用全站仪测量的机身真实位置坐标及固定端雷达坐标，曲线为采用惯性导航单元与超宽带融合的位姿推算导航系统输出轨迹曲线。定位系统在完成始发标定后，在行驶过程中可实时推算机身位置，准确输出运动轨迹。

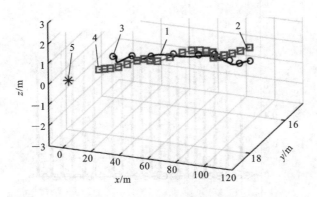

图 5-1-6 推算与测量轨迹

1—推算轨迹 1；2—推算轨迹 2；3—○为测量轨迹 1；4—□为测量轨迹 2；5—＊为固定端雷达

试验得到的典型加速度计输出和采用卡尔曼滤波估计得到的加速度计零偏如图 5-1-7 所示。由于掘锚一体机存在较强的振动，加速度计输出存在幅度为 0.5 m/s² 的噪声。加速度计零偏作为导航系统卡尔曼滤波算法的输出变

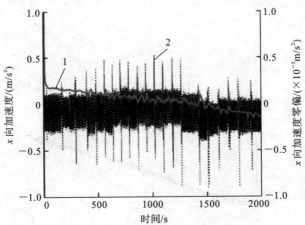

图 5-1-7 加速度计零偏估计结果

1—x 向加速度零偏；2—x 向加速度

量,经过始发后最初 30 s 的变化过程,其估计结果将逐步收敛并持续稳定输出 10^{-4} m/s^2 量级的数据,表明卡尔曼滤波对加速度计噪声干扰的有效抑制。

对比采用本项目位姿推算方法与采用直接积分方法得到的速度曲线和位置曲线,结果分别如图 5-1-8 和图 5-1-9 所示。在不采用卡尔曼滤波融合算法

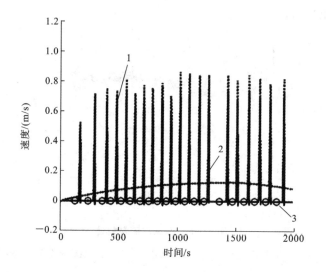

图 5-1-8　速度估计结果

1—无滤波 x 向速度;2—滤波 x 向速度;3—○为真实 x 向速度

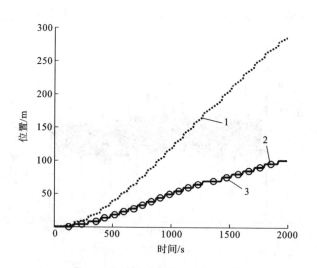

图 5-1-9　位置估计结果

1—无滤波 x 向坐标;2—滤波 x 向坐标;3—○为真实 x 向坐标

时,由于加速度计零偏以及噪声的累积作用,速度估计结果在实际处于静止状态的情况下仍会发生漂移,导致位置估计结果在短时间内逐渐发散。采用卡尔曼滤波算法后,由于其对加速度零偏的观测估计以及测量更新的修正作用,速度和位置漂移发散现象得到有效约束,定位推算输出结果稳定。

定位系统定位推算输出相对于全站仪测量结果的定位误差如图 5-1-10 所示。x、y、z 三个方向的误差在试验过程中呈现离散随机游走特性,误差散布程度随行走距离增加而逐渐增大,在多次测试的 100 m 行走距离范围内,掘进机左右、高度、前后方向误差分布在 ±15 cm、±10 cm、±5 cm 以内。

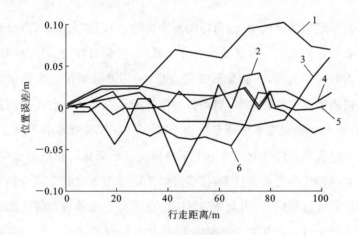

图 5-1-10 定位推算误差变化

1—y 方向(左右)误差,测试 1;2—y 方向(左右)误差,测试 2;3—z 方向(高度)误差,测试 1;4—x 方向(前后)误差,测试 1;5—x 方向(前后)误差,测试 2;6—z 方向(高度)误差,测试 2

多次试验得到的随机游走误差统计结果如表 5-1-2 所示。以掘进 10 m 为基准,前后、左右、高度方向的定位推算误差分布(1σ)分别为 0.71 cm、1.86 cm、1.57 cm。煤层开拓巷道掘进,中线、腰线典型控制精度要求为 10 cm,支护间排距误差为 5 cm,在单循环进尺 1 m、单班 8 h 连续掘进 25 m 的条件下,以 3σ 估计的中线误差为 8.8 cm,腰线误差为 7.4 cm,支护间排距误差为 3.4 cm。因此,导航系统经校正始发后,在单班连续掘进 25 m 过程中可以始终保持位置推算精度符合规范要求,且不易受粉尘、遮挡等因素干扰,可为行走、纠偏等掘进自动化控制提供高频率实时反馈。

表 5-1-2　定位系统试验结果误差分析　　　　　　　　　（单位:m）

试验次数	随机游走误差		
	x 轴 e_x	y 轴 e_y	z 轴 e_z
测试 1	0.0093	0.0259	0.0099
测试 2	0.0054	0.0157	0.0125
测试 3	0.0086	0.0186	0.0194
测试 4	0.0036	0.0107	0.0188
均方根误差	0.0071	0.0186	0.0157

　　基于自标定惯性导航单元、高精度测距雷达、固态激光雷达、高分辨率里程计以及激光校正技术的实时滤波组合导航系统,研究自标定、自对准技术,惯性导航系统内置转位机构,在底盘安装完成后,采用激光测量方法标定惯性导航系统与掘锚机底盘的位置关系,启动自对准功能可在 5 min 内实现掘锚机姿态实时输出,10 h 导航精度水平姿态角小于 0.02°(1σ),偏航角小于 0.1°(1σ),自标定功能可以实现惯性导航系统不下车自标定且长期保持导航精度,免于定期维护。研究高精度测距雷达技术,将多台矿用隔爆型无线收发器分别安装于掘锚机后方以及巷道侧壁,使用激光测量方法分别标定掘锚机和巷道的矿用隔爆型无线收发器天线中心相对于掘锚机以及巷道的位置关系。矿用隔爆型无线收发器采用定向天线,可有效增大测距,采用双向飞行时间测距,测量准确度为 2 cm,刷新率最高为 125 Hz。研究固态激光雷达扫描技术,在掘锚机后侧安装两台固态激光雷达,用于测量巷道轮廓相对于掘锚机的相对形状位置关系,辅助定位纠偏,亦可用于监测巷道轮廓。掘锚机履带驱动部安装有高精度防爆编码器,用于实时监测掘锚机运动状态。掘锚机后方安装有全向棱镜,可用于掘锚机位姿的激光测量校正。研究导航系统的传感器融合动态定位算法,建立包含掘锚机姿态角、坐标、运动速度等参数的多维滤波状态向量,建立状态向量的误差不确定度方差矩阵,建立状态向量随掘锚机履带行走量的运动预测方程,实时估计掘锚机运动状态。基于惯性导航单元实时输出加速度、角速度、姿态角,建立状态向量误差的观测方程。针对惯性导航单元加速度测量误差引入后造成的位置精度发散问题,进一步基于测距雷达测量结果,建立车身位置的误

差观测方程,实现车身位置曲线的稳定收敛。基于激光雷达输出的巷道轮廓点云信息,采用即时定位与地图构建(SLAM)方法,实时监测掘锚机相对于巷道的位置偏离,并与导航系统定位信息进行融合。经上述传感器信息融合后,导航系统可实时输出高精度、高可靠性的掘锚机定位导向结果且不受粉尘、水雾影响。导航系统进一步具备校准与修正功能,人员可按照施工需要,根据现场辅助测量结果,通过输入空间绝对定位坐标和偏差修正量两种方式,随时修正定位误差,并快速应用到作业工序中。

5.2 多功能装备自主行走纠偏闭环控制系统

5.2.1 巷道环境建模研究

在传统机器人的路径规划、纠偏与跟踪问题的研究中常常使用二维场景建模方法,在常规的机器人路径规划与跟踪的研究中通常用栅格地图表示二维场景中的障碍物信息,而掘进机的工作空间为存在封闭边界的综掘巷道,在底板上分布着多种影响掘进机正常行驶与纠偏的特殊路况,巷道中的主要障碍物来自巷道底板与两帮,因此构建封闭的二维平面模型即可完成主要的场景模型构建,但鉴于综掘巷道路况的特殊性且掘进机自身的环境适应能力,需要在模型中将路面土壤物理参数、巷道倾角及障碍物信息进行融合,以完成完整的受限空间巷道复杂底板的环境栅格建模。

5.2.2 基于长短期记忆(LSTM)网络的纠偏调向参数预训练模型

1. 长短期记忆网络框架

在实践中由于循环神经网络(RNN)存在的最大的问题就是:理论上,在这一时刻应该能记住之前任意一个时刻的信息,但是结构本身不存在对信号的长期记忆。其主要原因在于梯度消失,这与传统的前馈网络类似,当网络层数相对较多时,随着网络层数的增多,网络最终会变得越来越无法进行训练,没有现实作用。Hochreiter、Schmidhuber 和 Bengio 在 20 世纪 90 年代初研究了梯度消失问题的理论原因,1997 年,LSTM 网络算法被 Hochreiter、Schmidhuber 开发,用于有效地解决 RNN 中的短期记忆问题。它添加了轨道,允许携带数据,可以进行信息跨越。数据传送带的线路运行方向与所需要处理数据执行序列方向平行。序列工作中的数字信息可以直接跳到传送带上,然后通过传送带跳到较迟的时间点,并且在需要处理信息时保持原样。LSTM 网络的序列工作基本原理如下:保存新的数字信息以便后面的时间继续使用,从而有效防止一些较早期的数字信号在进行大量数据处理的过程中逐渐被丢弃。

LSTM 网络和普通 RNN 相比,最主要的一个优点在于它增加了三个不同路径门控制器——输入门、遗忘门和输出门。LSTM 网络具有内部的"LSTM细胞"循环,与普通的循环式控制网络类似,每个控制单元都包含信号输入和信号输出,如图 5-2-1 所示。三个门控制器的取值范围是(0,1),取值为 0,表示无法获得的信息,即把记忆丢弃;取值为 1,就意味着所有的信息都能被通过,LSTM 网络可以完整地保存这一时刻的信息。

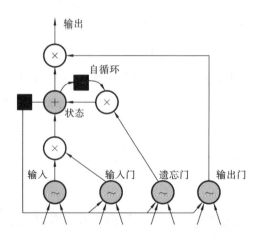

图 5-2-1 "LSTM 细胞"的框图

LSTM 网络模型将增加一个新特性,添加一个记忆单元 C_t,原有记忆单元 h_t 为短期记忆单元,C_t 为长期记忆单元,如图 5-2-2 所示。LSTM 网络中,通过三个门控制器控制短期记忆单元和长期记忆单元的序列取舍,在每一个时刻都需要遗忘门、输入门、输出门的作用。输入门主要判断暂时生成的记忆单元是否重要,对是否加入长期记忆单元进行判断;遗忘门的作用类似于输入门,直接判断上一时刻的记忆能否加到这一时刻;输出门的作用是判断长期记忆和短期记忆的有效程度,根据加权最终完成结果输出。

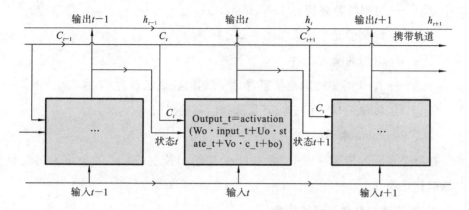

图 5-2-2　携带轨道 LSTM 网络框图

2. LSTM 网络框架

LSTM 网络模型如图 5-2-3 所示。与 RNN 相比,LSTM 网络增加了门控制器和长期记忆单元 C_t。

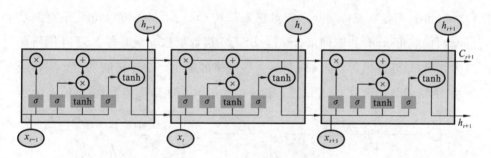

图 5-2-3　LSTM 网络模型

在 LSTM 网络中,每个 LSTM 单元针对输入进行计算,公式为式(5-2-1)~式(5-2-6)。

$$i_t = \sigma(W_{ii}x_t + b_{ii} + W_{hi}h_{t-1} + b_{hi}) \tag{5-2-1}$$

$$f_t = \sigma(W_{if}x_t + b_{if} + W_{hf}h_{t-1} + b_{hf}) \tag{5-2-2}$$

$$g_t = \tanh(W_{ig}x_t + b_{ig} + W_{hg}h_{t-1} + b_{hg}) \tag{5-2-3}$$

$$o_t = \sigma(W_{io}x_t + b_{io} + W_{ho}h_{t-1} + b_{ho}) \tag{5-2-4}$$

$$C_t = f_t \times C_{t-1} + i_t \times g_t \tag{5-2-5}$$

$$h_t = o_t \times \tanh(c_t) \tag{5-2-6}$$

式中：h_t——t 时刻的隐藏状态（hidden state）；

C_t——t 时刻的元组状态（cell state）；

x_t——t 时刻的输入；

h_{t-1}——$t-1$ 时刻的隐藏状态，初始时刻的隐藏状态为 0；

i_t, f_t, g_t, o_t——输入门、遗忘门、选择门和输出门；

σ——sigmoid 激活函数。

在每个单元的传递过程中，通常 C_t 是遗忘门控制的 C_{t-1} 加上输入门控制的临时记忆单元。

3. 纠偏调向参数预训练模型

基于上述 LSTM 网络，设计掘进机纠偏调向参数预训练模型，如图 5-2-4 所示，该模型由输入层、LSTM 层、全连接层和输出层构成。输入层取当前时刻前 10 s 的掘进参数：$X^t, X^{t-1}, X^{t-2}, \cdots, X^{t-10}$，且每个时刻的 X 均为 1×8 的向量，$X = (F, v, n, T, e_1, e_2, \alpha, \beta)^\mathrm{T}$，其中，各参数分别表示推进力（kN）、推进速度（mm/min）、刀盘转速（r/min）、刀盘扭矩（kN·m）、水平偏差（mm）、垂直偏差（mm）、偏航角（rad）和俯仰角（rad）。LSTM 层取层数 $m=3$，即 LSTM 网络深度为 3 层，最终输出为当前 t 时刻第 3 层网络的输出。全连接层采用 2 层神经网络，激活函数均选取 tanh 函数。输出层采用 ReLU 激活函数，输出值 $\hat{Y}$ 为预

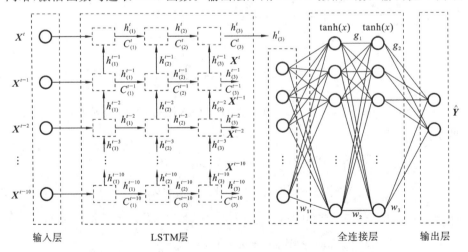

图 5-2-4　纠偏调向参数预训练模型

训练模型的最终输出结果。$\hat{\boldsymbol{Y}}=(\Delta L,\Delta d)^{\mathrm{T}}$,其中,各参数分别表示撑靴油缸的动作行程(m)、扭矩油缸动作行程(m)。通过分析纠偏调向参数预训练模型的结构,可知预训练模型 LSTM 层输出为

$$h_{(3)}^{t}=O_{(3)}^{t}\bigotimes\tanh(C_{(3)}^{t})\qquad(5\text{-}2\text{-}7)$$

预训练模型全连接层第一层、第二层输出分别为

$$g_1=\tanh(\boldsymbol{W}_1 h_{(3)}^{t}+b_1)\qquad(5\text{-}2\text{-}8)$$

$$g_2=\tanh(\boldsymbol{W}_2 g_1+b_2)\qquad(5\text{-}2\text{-}9)$$

式中:$\boldsymbol{W}_1,b_1$——LSTM 层输出到全连接层第一层之间的权值矩阵和阈值;

$\boldsymbol{W}_2,b_2$——全连接层第一层到第二层之间的权值矩阵和阈值。

预训练模型输出值为

$$\hat{\boldsymbol{Y}}=\mathrm{ReLU}(\boldsymbol{W}_3 g_1+b_3)\qquad(5\text{-}2\text{-}10)$$

$$\mathrm{ReLU}(x)=\max(0,x)\qquad(5\text{-}2\text{-}11)$$

式中:$\boldsymbol{W}_3,b_3$——全连接层第二层到输出层之间的权值矩阵和阈值。

当第 q 组样本输入时,将预训练模型输出值与输出样本真实值 $\boldsymbol{Y}$ 的误差的 L_2 范数作为其目标函数,即

$$E(q)=\frac{1}{2}\parallel\hat{\boldsymbol{Y}}(q)-\boldsymbol{Y}(q)\parallel_2^2\qquad(5\text{-}2\text{-}12)$$

因此,预训练模型的总目标函数为

$$J=\sum E(q)\qquad(5\text{-}2\text{-}13)$$

采用反向传播算法对预训练模型的权值矩阵进行更新,通过一步步迭代求得预测值与真实值的最小误差。权值矩阵更新计算式为

$$\begin{cases}\Delta\boldsymbol{W}=-\eta\dfrac{\partial J}{\partial\boldsymbol{W}}\\[2mm]\boldsymbol{W}=\boldsymbol{W}+\Delta\boldsymbol{W}\end{cases}\qquad(5\text{-}2\text{-}14)$$

式中:η——学习率或学习算子。

当 $\Delta\boldsymbol{W}\leqslant\varepsilon(\varepsilon>0$ 且足够小),则停止更新权值矩阵,得到当前最优权值矩阵,纠偏调向参数预训练模型训练完成。

5.2.3 基于迁移学习的纠偏调向参数预测模型

迁移学习是利用数据、任务或模型之间的相似性,将在旧领域学习的模型

重新调整并迁移应用到新领域的一种学习过程。对于本项目的掘进机而言,每台掘进机的基本工作原理相似,但对不同的工程项目,每台掘进机又具有其独特性,直接使用基于历史数据训练的网络模型预测新项目参数,将不可避免地出现误差。因此,在 LSTM 深度神经网络训练的基础上,还将采用迁移学习方法,进一步优化训练纠偏调向参数预测网络,从而得到更适用于当前新项目的高精度掘进机纠偏调向参数预测模型。

针对纠偏调向参数的预训练模型和预测模型,其输入数据维度和输出类别数与源域相同。因此,只需采用当前新项目的少量掘进数据对掘进机纠偏调向参数预训练模型进行微调即可,即只更新全连接层的权值矩阵,冻结其他层,既保持原网络的特征提取能力,又减少了需要学习的参数,节约训练时间。全连接层权值矩阵更新计算公式为

$$
\begin{cases}
\boldsymbol{W}'_1 = \boldsymbol{W}'_1 + \Delta \boldsymbol{W}'_1 = \boldsymbol{W}'_1 - \eta \dfrac{\partial J}{\partial \boldsymbol{W}'_1} \\[3mm]
\boldsymbol{W}'_2 = \boldsymbol{W}'_2 + \Delta \boldsymbol{W}'_2 = \boldsymbol{W}'_2 - \eta \dfrac{\partial J}{\partial \boldsymbol{W}'_2} \\[3mm]
\boldsymbol{W}'_3 = \boldsymbol{W}'_3 + \Delta \boldsymbol{W}'_3 = \boldsymbol{W}'_3 - \eta \dfrac{\partial J}{\partial \boldsymbol{W}'_3}
\end{cases}
\tag{5-2-15}
$$

式中:$\boldsymbol{W}'_1, \boldsymbol{W}'_2, \boldsymbol{W}'_3$——全连接层更新后的权值矩阵。

5.2.4　调向姿态分析

依据掘进机纠偏调向参数预测模型和掘进机调向姿态分析方法,获得撑靴油缸动作行程值和扭矩油缸动作行程值以及对应的水平纠偏角和竖直纠偏角后,还需要规划掘进机运行的纠偏轨迹,确定在当前预测调向参数下掘进机的推进行程。采用最小转弯半径来规划纠偏轨迹:首先,基于深度迁移神经网络建立掘进机纠偏调向参数预测模型,模型输入为推进力、推进速度、刀盘转速、刀盘扭矩、水平偏差、垂直偏差、偏航角和俯仰角等掘进参数,输出为用于控制掘进机调向的撑靴油缸动作行程预测值和扭矩油缸动作行程预测值;其次,通过分析掘进机调向姿态模型并结合最大边刀移动量对调向参数预测值进行修正;最后,基于最小转弯半径规划掘进机纠偏轨迹。

5.3　深度学习智能预测自主截割与调高最优化控制

5.3.1　多截割特征信号的测试与提取方法

煤岩试件截割过程中振动信号、电流信号、音频信号以及红外热像信号的精确提取与识别是构建煤岩识别模型、实现煤岩界面精确识别的重要基础。本节分别针对煤岩试件截割过程中的多特征信号进行测试提取,并采用时、频域以及小波信号处理方法对煤岩截割多特征信号进行识别分析,得到七种不同煤岩比例煤岩试件截割过程中的三向振动信号、电流信号、音频信号和红外热像信号,构建多特征信号的数据样本库,为之后的煤岩界面识别模型提供训练样本。

由于实际开采工作面环境复杂,影响煤岩截割特征信号的因素复杂且多变,在煤岩截割试验过程中,在最大限度贴近实际开采工况的前提下,对部分试验条件进行假设和约束:

(1)截割试验采用的煤岩试件均为由煤过渡到岩的分层试件,不含煤岩夹矸等工况;

(2)煤岩试件中煤岩介质的条件为岩硬煤软;

(3)截割过程中截割的牵引速度、截割头转速和截割深度为恒定值;

(4)忽略掘进机实际截割过程中开采工作面温度、掘进机喷雾系统对红外热像信号的影响。

获取不同煤岩比例条件下的多特征信号是实现煤岩界面精确识别的重要基础。从全岩比例到全煤比例过渡过程中,截煤比分割越细致,则获得的不同截煤比的多传感特征信息越完善,构建的煤岩识别模型精度越高;但过度的精细分割容易导致数据处理和分析工作量过大,数据训练难度和信息融合的维度大大增加,模型的计算量大大增加,煤岩识别模型甚至容易因数据量过大或维度过高而无法正常工作。综合考虑上述两点,本节共构建七种不同截煤比的煤岩试件,截煤比分别为 0∶1(全岩)、1∶5、1∶3、1∶2、2∶3、4∶5 和 1∶1(全煤),浇筑成形的七种截煤比煤岩试件如图 5-3-1 所示。

图 5-3-1　不同截煤比煤岩试件

1. 音频信号采集及处理

对煤岩截割过程中音频信号进行处理时,要考虑其信号处理过程中能量的损失。根据帕塞瓦尔(Parseval)定理,函数平方的和或积分等于其傅里叶转换式平方之和,表示为

$$\int_{-\infty}^{\infty} x^2(t)\mathrm{d}t = \int_{-\infty}^{\infty} |X(f)|^2 \mathrm{d}f \tag{5-3-1}$$

也就是说,时域中信号的总能量等于频域中计算的信号总能量。因此,采用频域分析方法对煤岩截割音频信号进行分析,其信号的能量在分析前后没有损失。综合考虑各频带能量在煤岩声发射特征信号提取过程中的重要性,采用小波包能量对煤岩截割过程中的声发射特征进行分析和识别。

1) 小波基的选择

小波基的选择是小波变换中的重要环节,其选择结果直接影响分析计算的效率和分析结果的有效性。此外,小波基的性能还与紧支集密切相关,小波的紧支集长度越长,其尺度函数和小波函数的时域波形越光滑,频谱成分越集中,即频率特性越好,但与此同时,其时域分辨率也越小,由此造成的计算量也急剧增加,因此,选择小波函数时需要综合考虑时、频域分辨率和计算速度的要求。目前,针对不同的小波,小波包分析中包含多种不同的构造方法,如 Daubechies(DB)小波、Meyer 小波以及 Coifman 小波等,这些小波函数及相应的尺度函数构成了不同的小波基。

如果对信号进行时频分析,则宜选择光滑的连续小波,因为基函数的时域越光滑,信号的频域的局部化特性越好。如果需要进行信号检测,则应尽量选择与测试信号波形相似的小波进行分析。在各种小波函数中,Daubechies 小波是有限紧支撑正交小波,其时域和频域的局部化能力强,尤其在数字信号的小波分解过程中可以提供有限长的更实际更具体的数字滤波器,其小波函数形式为 Daubechies N,N 为消失矩,N 的数值越大,其小波分解得到的高频系数越小,更多的高频系数为 0,其小波分解的去噪、压缩效果也就越好,在小波分解过程中,一般选用 N 值较大的小波。因此,本项目采用 Daubechies 12 小波对音频信号进行小波变换。

2)分解层数的确定

小波包分解层数的选取依据是所测信号的频率范围。如果分解层数过少,则各子信号频带划分过宽,导致每个小波包空间对应较多的频率成分,不利于特征能量的识别和提取;若分解层数过多,则各子信号频带划分过细,虽然能够提高识别精度,但同时也大大增加了计算量。

综合考虑,对不同煤岩试件截割过程中的音频信号进行三层小波包分解,由于信号的采样频率为 200 kHz,通过对小波包分解系数进行重构,不同截煤比煤岩试件截割音频信号各频带的重构信号分别如图 5-3-2~图 5-3-6 所示。

通过图 5-3-2~图 5-3-6 所示不同截煤比煤岩试件截割音频信号小波包分解后各节点的重构信号幅值对比,可以看出,不同截煤比煤岩试件截割音频信号在不同节点处的信号幅值差异很大,节点(3,1)和节点(3,3)处的信号幅值显著高于其他节点,其他节点信号幅值较小。

3)提取小波包能量特征向量

(1)对音频信号的小波包分解系数进行重构,提取不同截煤比煤岩试件截割音频信号各频带范围的信号。用 S_{30} 表示 x^{30} 重构信号,S_{31} 表示 x^{31} 重构信号,依次类推,通过累加计算可得到总信号:

$$S = S_{30} + \sum_{k=1}^{7} S_{3k} \tag{5-3-2}$$

(2)选取音频信号小波包分解后各子空间内信号的平方和作为能量的标志。计算不同截煤比煤岩试件截割音频信号小波包分解后各频带信号的能量,如图 5-3-7 所示,W_0~W_7 分别表示小波包分解的各频带空间。

$$E_{3j} = \int |S_{3j}(t)|^2 \mathrm{d}t = \sum_{k=1}^{n} |x_{jk}|^2 \tag{5-3-3}$$

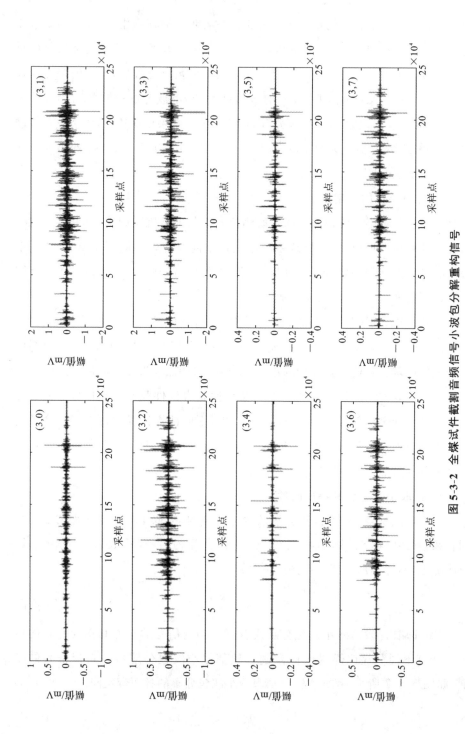

图 5-3-2 全煤试件截割音频信号小波包分解重构信号

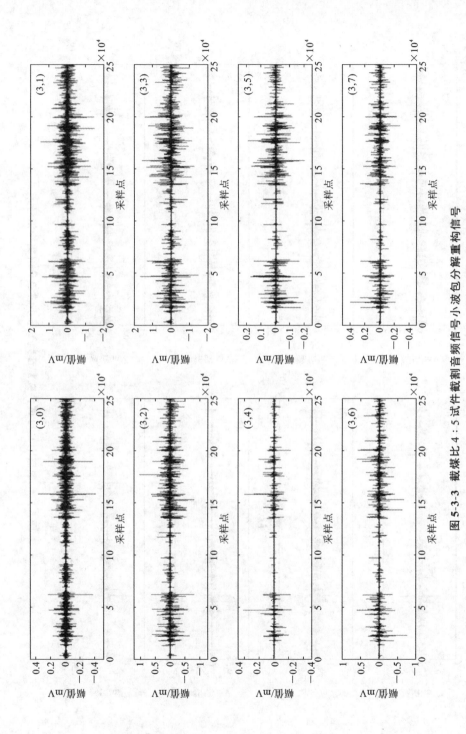

图 5-3-3　截煤比 4∶5 试件截割音频信号小波包分解重构信号

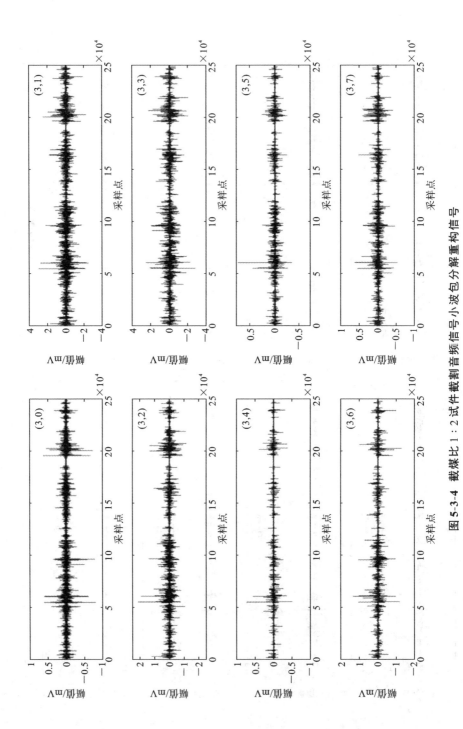

图 5-3-4　截煤比 1：2 试件截割音频信号小波包分解重构信号

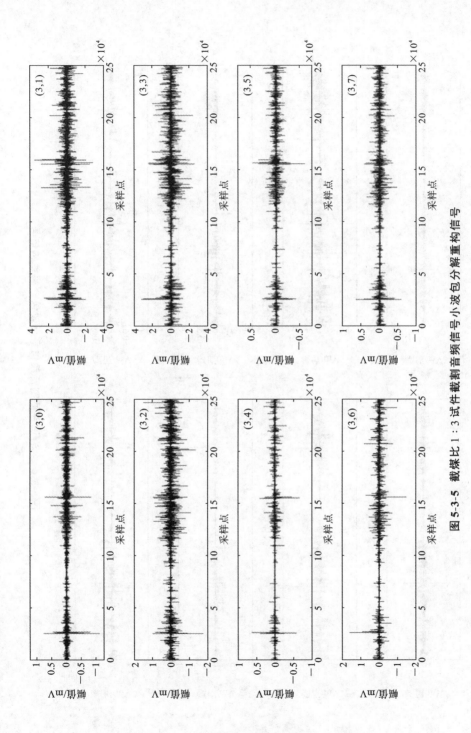

图 5-3-5　截煤比 1∶3 试件截割音频信号小波包分解重构信号

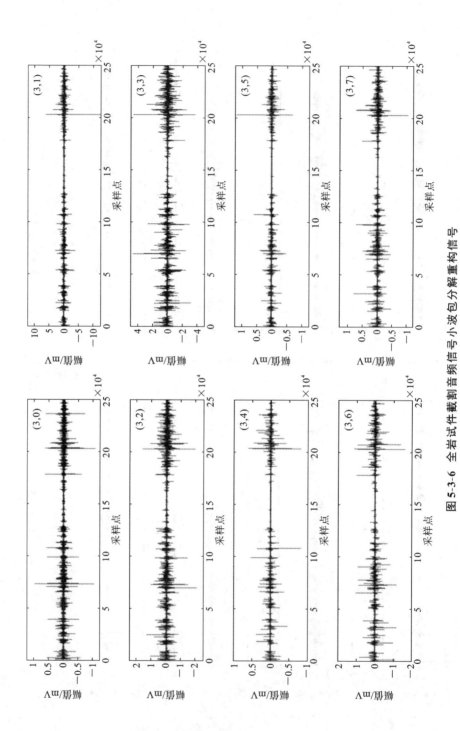

图 5-3-6 全岩试件截割音频信号小波包分解重构信号

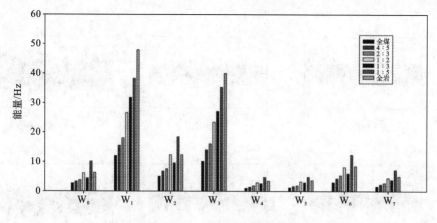

图 5-3-7　不同频段能量分布

根据图 5-3-7 不同截煤比煤岩试件截割音频信号小波包分解的不同频段能量分布柱状图,截割不同截煤比煤岩试件时,其声发射能量主要集中在 W_1 和 W_3 频带空间,且 W_1 和 W_3 频带空间的能量随煤岩试件中岩石占比的增大呈规律性增长趋势,与理论分析一致,说明截齿截割煤岩时的声发射能量主要为 W_1 和 W_3 频带空间的能量,而其他频带空间能量分布较少,且无规律性,因此 W_1 和 W_3 频带空间的能量可作为煤岩截割音频信号的特征值,但考虑到本项目采用的煤岩识别信号较多,同一信号提取多个特征值会增加信号的维度,增大后续多信息融合系统的计算量,因此,本项目采用 W_1 和 W_3 两个频带空间能量的总和作为音频信号的特征值。

2. 振动信号采集及处理

采用三向振动传感器分别测试不同截煤比煤岩试件截割过程中的振动加速度,如图 5-3-8 所示。每组信号采样时间为 10 s,采样频率为 200 Hz,通过三向振动信号的对比可以看出,随着煤岩试件中岩石所占比例的不断增大,振动信号的幅值不断增大,其中 x、y 轴方向的振动幅度变化最大,z 轴方向的振动幅度变化较小。

图 5-3-8 中振动加速曲线能够反映不同截煤比时三向振动信号的总体变化趋势,但考虑到煤岩界面识别对特征数据样本精确程度的要求,需要采用时域统计特征参数处理方法对 x、y、z 三向不同截煤比煤岩试件截割过程中的振动加速度幅值进行进一步的分析计算,从而得到三个方向的方根幅值、均值、均

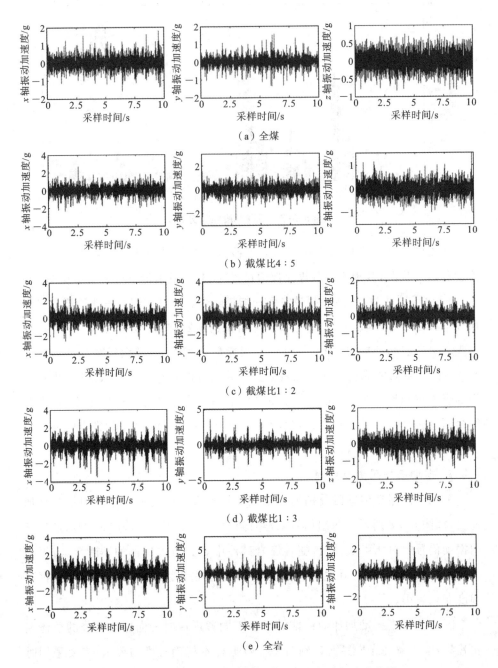

图 5-3-8　不同截煤比煤岩试件截割三向振动加速度曲线

方幅值以及峰值。

　　根据表 5-3-1 至表 5-3-3 的时域统计特征参数得到不同截煤比时 x、y、z 三向振动加速度的方根幅值、均值、均方幅值以及峰值曲线，如图 5-3-9 所示，可以看出，原始振动加速度曲线时域统计特征参数中，方根幅值、均值、均方幅值均随着截煤比的减小即岩石所占比例的增大而增大，x、y 轴的变化明显，z 轴的变化趋势相对平缓，增幅较小，不适宜作为煤岩界面识别特征样本；而 x、y、z 三向的峰值曲线随着截煤比的变化呈现高低起伏，不具备单调性，因此，峰值特征参数亦不能作为煤岩界面识别特征样本。

表 5-3-1　x 轴振动幅值参数

截煤比	幅值参数			
	方根幅值 x_r	均值 $\bar{x}$	均方幅值 x_{rms}	峰值 x_p
全煤	0.2654	0.3143	0.3997	1.7869
4∶5	0.3732	0.4456	0.5740	2.6768
2∶3	0.4206	0.5023	0.6463	2.6370
1∶2	0.4540	0.5383	0.6846	2.8207
1∶3	0.4777	0.5786	0.7697	3.5050
1∶5	0.5079	0.5969	0.8381	3.0496
全岩	0.5283	0.6474	0.8922	3.4236

表 5-3-2　y 轴振动幅值参数

截煤比	幅值参数			
	方根幅值 y_r	均值 $\bar{y}$	均方幅值 y_{rms}	峰值 y_p
全煤	0.1914	0.2337	0.3143	1.5550
4∶5	0.2847	0.3413	0.4420	2.5048
2∶3	0.3364	0.4095	0.5400	2.1740
1∶2	0.4076	0.4923	0.6497	2.6095
1∶3	0.4263	0.5215	0.7128	4.1099
1∶5	0.4780	0.6080	0.8703	4.2254
全岩	0.5155	0.6559	0.9198	5.4131

表 5-3-3　z 轴振动幅值参数

截煤比	幅值参数			
	方根幅值 z_r	均值 $\bar{z}$	均方幅值 z_{rms}	峰值 z_p
全煤	0.1942	0.2270	0.2784	0.8280
4：5	0.2045	0.2439	0.3103	1.5488
2：3	0.2167	0.2568	0.3267	1.4588
1：2	0.2246	0.2651	0.3438	1.2801
1：3	0.2388	0.2878	0.3739	1.4660
1：5	0.2464	0.2939	0.3893	1.8479
全岩	0.2516	0.3052	0.4045	2.4902

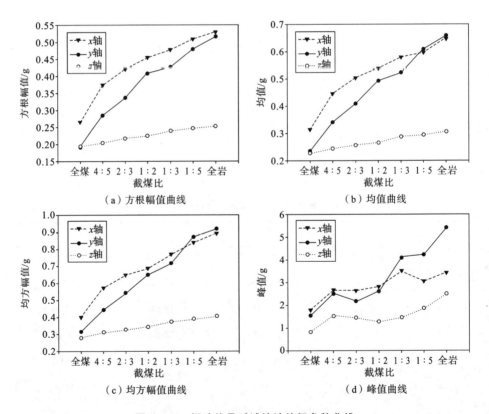

（a）方根幅值曲线　（b）均值曲线　（c）均方幅值曲线　（d）峰值曲线

图 5-3-9　振动信号时域统计特征参数曲线

原始振动加速度曲线的方根幅值、均值和均方幅值三个时域统计特征参数虽然随着截煤比的变化呈现单调递增的变化特性,但原始信号中含有振动噪声,因此其统计结果不具备普遍性和适用性,需要对各方向振动信号进行进一步分析,提取煤岩截割过程中振动信号的实际特征。采用小波包分析方法对获取的煤岩截割振动加速度数据进行小波包分解和不同频段能量重构,具体方法不再赘述,得到不同截煤比煤岩试件截割时的 x、y、z 三向振动信号小波包分解后各频带信号的能量,分别如图 5-3-10～图 5-3-12 所示。

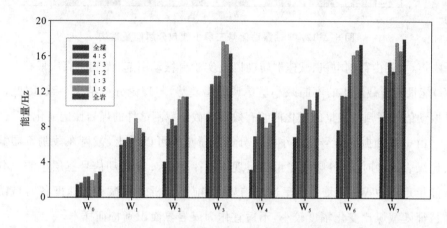

图 5-3-10　x 轴振动信号三层小波包分解能量重构

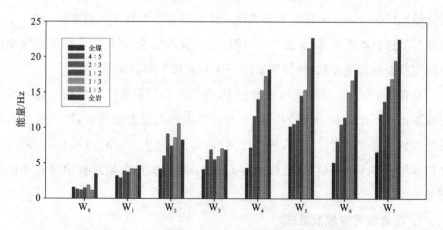

图 5-3-11　y 轴振动信号三层小波包分解能量重构

截割不同截煤比试件时,y 轴振动信号三层小波包分解能量重构的四个低频段(W₀～W₃)能量变化幅度不大,且不随截煤比的变化呈递增或递减趋势,属于振

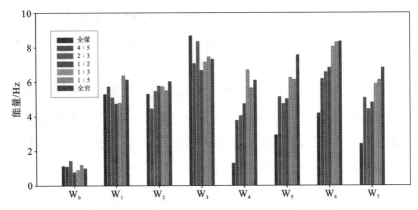

图 5-3-12 z 轴振动信号三层小波包分解能量重构

动噪声,主要由截割电机、减速器转动以及实验台振动引起,而四个高频段($W_4 \sim W_7$)能量随着截煤比的不断减小呈单调递增趋势,与理论分析结果一致,因此,y轴振动信号高频段能量的变化能够有效反映截齿截割试件的煤岩比例变化。

由 x、z 轴振动信号三层小波包分解能量重构可以看出,截齿在截割不同截煤比煤岩试件时,其各频段能量都呈现不规律变化,z 轴振动信号三层小波包分解能量重构中 W_6 能量虽然呈递增趋势,但前述分析 z 轴振动加速度各时域统计特征随截煤比变化幅度较小,不适宜作为煤岩界面识别特征样本。

综合分析可知,煤岩截割实验台测试得到的 x、y、z 三向振动信号中,y 轴的高频段(50~100 Hz)能量能够有效反映截割过程中截煤比的变化,故对 y 轴原始信号进行滤波处理,滤除 0~50 Hz 低频噪声信号,得到滤波后不同截煤比时的截割振动加速度频谱,分别如图 5-3-13~图5-3-17所示。

采样得到的 50 组特征样本数据中,各截割信号特征样本数据与煤岩试件的截煤比成反比关系,与煤岩试件中岩石所占比例成正比关系,即各信号的特征样本数据随着截煤比(岩石所占比例)的减小(增大)而增大(减小),因此,以各信号特征样本为基础,建立煤岩界面识别模型,实现截割过程中煤岩界面的有效识别。

3. 电流信号采集及处理

煤岩截割电流信号的测试与分析方法相对比较简便,可采用时域分析方法直接对截割电流信号进行分析与特征识别。截割滚筒空载运行时,截割电机仅承受自身以及截割滚筒的转动惯量,不承受外部载荷。空载时截割电机三相电

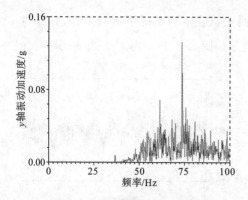

图 5-3-13　截割全煤时的振动
加速度频谱

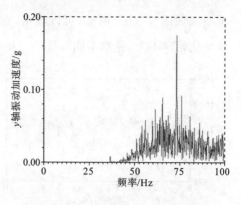

图 5-3-14　截煤比 4：5 时的振动
加速度频谱

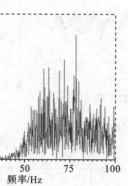

图 5-3-15　截煤比 1：2 时的
振动加速度频谱

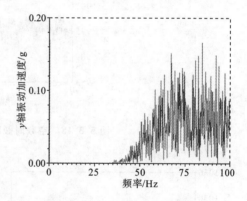

图 5-3-16　截煤比 1：3 时的
振动加速度频谱

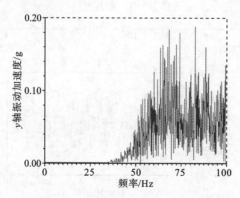

图 5-3-17　截割全岩时的振动加速度频谱

流曲线如图 5-3-18 所示,可以看出,截割电机在空载工况下运行平稳,各相电流变化幅度不大,截割不同煤壁的三相电流如图 5-3-19~图 5-3-25 所示。

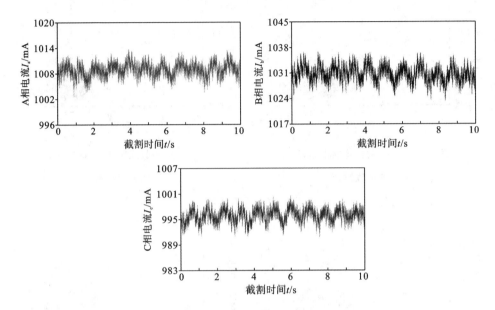

图 5-3-18 空载时截割电机三相电流曲线

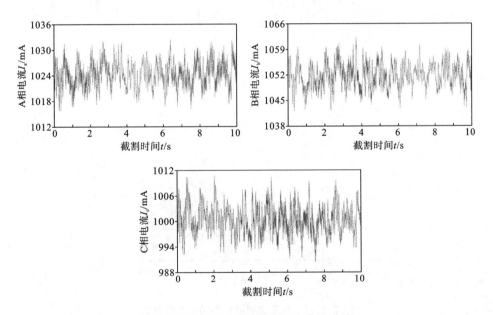

图 5-3-19 截割全煤时电机三相电流曲线

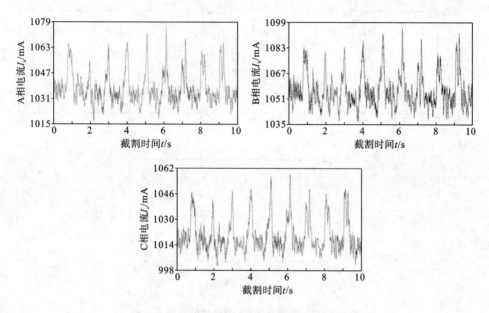

图 5-3-20   截煤比 4∶5 时电机三相电流曲线

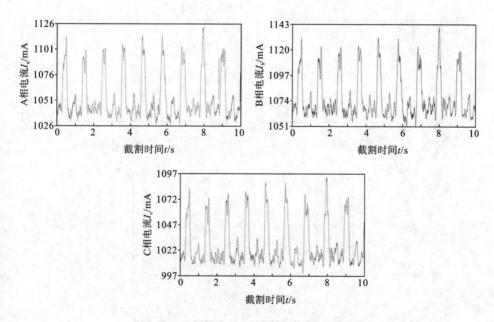

图 5-3-21   截煤比 2∶3 时电机三相电流曲线

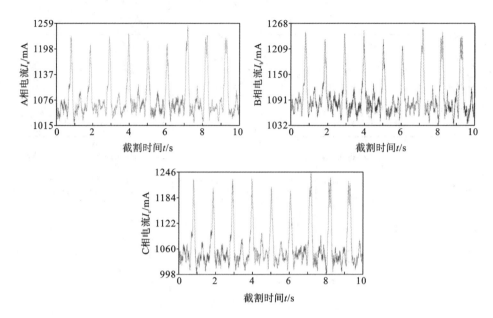

图 5-3-22　截煤比 1：2 时电机三相电流曲线

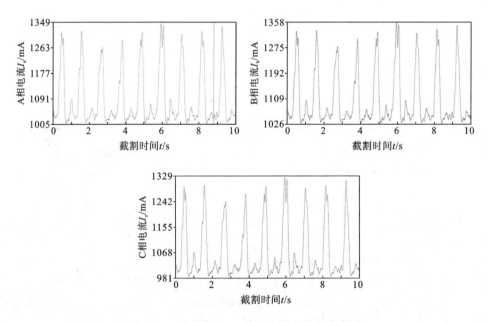

图 5-3-23　截煤比 1：3 时电机三相电流曲线

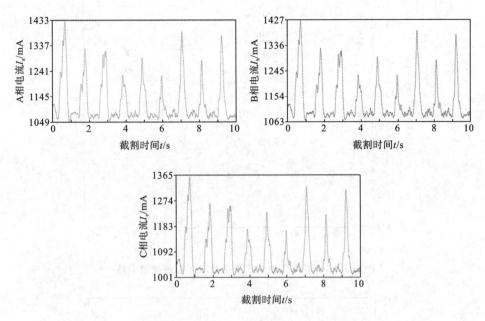

图 5-3-24　截煤比 1∶5 时电机三相电流曲线

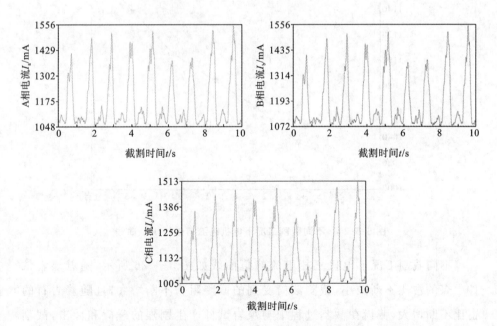

图 5-3-25　截割全岩时电机三相电流曲线

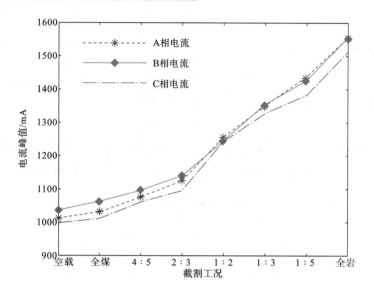

图 5-3-26　不同截割工况下电机三相电流峰值曲线

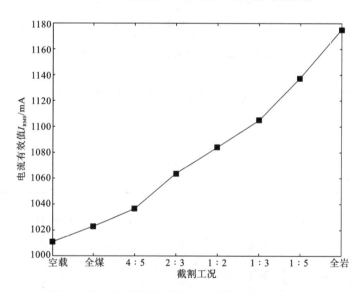

图 5-3-27　不同截割工况下电机电流有效值 I_{RMS} 曲线

不同截割工况下电机三相电流峰值曲线如图 5-3-26 所示,随着煤岩试件中煤的占比不断减小,截割滚筒受到的截割阻力不断增大,且随着岩石的占比不断增大,截齿在截割过程中与煤岩试件产生剧烈的碰撞和冲击,截割电流峰值不断增大。经计算分析,得到不同截割工况下电机电流有效值 I_{RMS} 曲线,如图 5-3-27 所示,可以看出,不同截割工况下,电流有效值的变化趋势与电流峰值的变化趋势基本一致,均随着截煤比的减小而增大,因此,截割煤岩过程中电机电流的变化可有效反映实际截割工况下的煤岩比例。

5.3.2　自主截割硬件设备

（1）矿用本安型振动传感器 GBYD5,主要参数如表 5-3-4 所示,其中 g 表示重力加速度。

表 5-3-4　振动传感器参数

项目	参数
轴向灵敏度(20 ℃±5 ℃)	50 mV/g±5％ mV/g
测量范围(峰值)	100g
最大横向灵敏度	≤5％
频率响应(±10％)	1～10000 Hz
安装谐振频率	30000 Hz
温度响应	见温度曲线
工作温度范围	−20～+120 ℃
冲击极限	5000g

（2）矿用本安型数据采集器 YJC220,主要参数如下。

① 电气性能。

a. 额定电压:AC 220 V(供电限取自二次侧中性点不接地的隔离或降压变压器)。

b. 额定功率:85 W。

c. 额定电流:<0.5 A。

② ±100 mV 电压输入信号。

a. 路数:12。

b. 电压范围:−100～100 mV。

c. 基本误差:±0.5％。

③ ±5 V 电压输入信号。

a. 路数:12。

b. 电压范围：－5～5 V。

c. 基本误差：±0.5％。

④ 以太网电信号。

a. 通信协议：TCP/IP。

b. 传输速率：10/100/1000 Mbit/s 自适应。

c. 信号工作电压峰值：1～5 V。

d. 最大传输距离：10 m。

（3）振动传感器布置安装示意。

三向振动传感器布置在大臂侧面靠近滚筒位置，如图 5-3-28 所示，外部做结构件进行防护，数据采集器布置在平台上部。

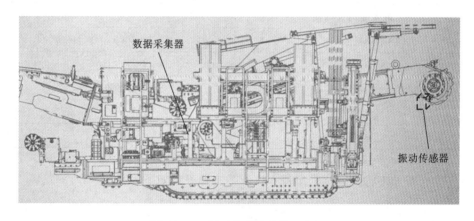

图 5-3-28　振动传感器安装示意图

（4）软件及接口。

① 自主截割负载预测软件具备独立显示页面，可实时展示截割部工作状态、截割负载预测结果、图形化显示煤岩分布情况、推荐截割参数等数据。

② 通信方式：TCP（交换机转发）。

5.3.3　自适应截割控制及试验控制响应

研究基于机器人建模与磁致伸缩测量原理的截割头姿态定位技术，采用高精度激光测量方法获取截割头、截割大臂、滑移架以及油缸固结点的精确三维结构关系，通过机器人运动学方法建立截割头相对于掘锚机底盘的位姿传递矩阵,在截割大臂升降、伸缩油缸内安设位移传感器,测量精度为±0.8 mm,通过运动学建模和标定得出截割滚筒与装备的相对位置关系,根据机身精准定位确定截割滚筒上下限位置。控制系统从导航系统中获取当前掘锚机位姿信息,结合巷道设计轮廓数字图纸,通过机器人逆运动学方法求解截割头的目标位置,并根据循环进尺自动规划各轮次进刀深度,实现电液控制系统对截割滚筒和成形轮廓的精准位置控制,截割头相对车身控制精度小于或等于5 cm。

研究软硬煤层截割过程力位复合自适应控制方法,在掘锚机中采用截割电机变频控制方法,液压油路安装压力传感器,截割大臂安装高频振动传感器,实时获取电机电压、电流、振动、音频等截割过程中的各类反馈信号;使用深度学习SVM(支持向量机)算法,建立电机电压、电流、振动、音频等信号与截割头空载、割煤、割矸石等截割负载智能预测模型。将上述方法集成至掘锚机自适应截割控制系统,辅助装备自动决策最优截割进刀速度等参数。开发截割控制器的力位复合滑膜控制自适应鲁棒算法,实现截割过程的全自主和实时效率最优化。

截割末端在空间中的位置与姿态可通过正运动学方法进行解算。逆运动学方法采用雅可比矩阵的思路,通过迭代算法求解截割末端位置与姿态的关节值,代入正运动学方法进行位置与姿态纠偏,再通过二次迭代求解,得到修正的关节值。下位机根据实时关节值驱动大臂运动控制目标,截割电机随负载(截割阻抗)变化以恒功率输出。负载监测量的截割电机电流 $I = (I_a + I_b + I_c)/3$。水平进刀控制对象:推进油缸电磁阀,最大流量为120 L/min。垂直下拉控制对象:升降油缸电磁阀,最大流量为80 L/min。电磁阀特性:线圈电阻为27 Ω,24 V直流电源控制电流极限值为0.6 A。通过高精度电液复合试验系统对包含比例阀、泵、被控对象在内的系统响应特性进行系统研究,并对专门设计的控制算法进行验证和优化。

通过将截割头姿态定位技术与软硬煤层截割过程力位复合自适应反馈控制方法相结合,最终可实现掘锚机在复杂地层中基于截割电流、音频等多参数反馈的PID自主截割控制,截割头定位精度小于或等于10 cm,力位复合自适应反馈控制周期小于或等于50 ms。

第6章
掘进工作面粉尘、瓦斯智能监测与治理系统

6.1 掘进工作面粉尘、瓦斯来源

6.1.1 粉尘来源

掘进工作面生产期间,通常伴随着大量粉尘的产生,粉尘主要来源于受力破碎的煤体。掘进工作面的粉尘产生机理主要包含外力作用产生粉尘机理和二次扬尘机理。

1. 外力作用产生粉尘机理

当煤体受外力作用发生震动、摩擦、挤压和破碎等情况时,煤体的孔隙和裂隙增大,煤体发生了弹性形变,储存了弹性能,当弹性能达到峰值时,煤体发生破碎,同时产生大小不等的煤块和粉尘。当煤块脱离煤体时,由于煤块质量相对较大,重力作用明显,弹性能作用不明显,当煤块垂直落地时,冲击力使部分煤块发生进一步破碎,重力势能转变为弹性能,煤块表面附着的粉尘和因破碎而产生的粉尘以较高的速度扩散至巷道空间内;当粉尘脱离煤块时,由于粉尘质量较小,重力作用不明显,粉尘在弹性能作用下扩散至巷道空间内;同时,由于破碎的煤块边缘形状各异,因此在外力作用下煤块运动过程中,煤块与煤块之间、煤块与设备之间发生摩擦,煤块获得一定的弹性能,使煤体边缘脆弱的部分受力后变成粉尘,扩散进入巷道空间内。

2. 二次扬尘机理

巷道内存在大量的沉积粉尘,受采动应力和风流卷吸作用影响,粉尘获得一定的动能,当动能作用大于重力作用时,粉尘由静止状态变为浮游状态,重新

进入巷道空间内随风流扩散。

基于掘进工作面粉尘产生机理,对掘进工作面各生产工序进行研究分析,由于掘进工作面生产工序复杂,因此粉尘的产生情况也是极其复杂的,粉尘产生场景主要包括割煤工序产尘、装煤工序产尘、转载工序产尘、运煤工序产尘和二次扬尘。

(1) 割煤工序产尘。

迎头割煤工序是巷道内粉尘的主要来源,产尘量大且持续时间长,占总产尘量的90%乃至95%以上。掘进机截割迎头煤体时,截齿与煤体接触给煤体以挤压力,推动煤体移动、破坏,截齿与煤体之间接触而产生摩擦作用,从而产生粉尘。破碎的煤体塌落后,煤体与煤体之间、煤体与地面之间发生撞击和摩擦,从而产生粉尘。由于巷道掘进生产是持续进行的,因此迎头粉尘连续产生是不可避免的,迎头粉尘的产生量与地质构造、煤层厚度、巷道平均掘进速度等因素有关,对掘进工作面粉尘产生量影响最大的是掘进速度,其次分别为地质构造、煤层厚度等。

(2) 装煤工序产尘。

掘进机铲板装煤工序也是掘进工作面粉尘的来源之一。掘进机铲板装煤过程中,煤体与煤体之间、煤体与行星轮之间发生摩擦、挤压和碰撞等作用,煤体表面或内部进一步破碎产生粉尘。由于掘进机铲板的两组行星轮转速相对较小,煤体与煤体、煤体与行星轮之间发生的摩擦、挤压和碰撞等作用力较小,此粉尘产生量较低。

(3) 转载工序产尘。

掘进机转载点处落煤过程中,煤体与煤体之间、煤体与二运皮带之间发生摩擦、挤压和碰撞等作用,会产生少量粉尘。由于转载过程中煤体与煤体之间缝隙较大,以及煤体与煤体之间、煤体与二运皮带之间摩擦、挤压和碰撞等作用力较小,因此粉尘产生量较低。

(4) 运煤工序产尘。

煤体在一运、二运和皮带运输等运煤工序中会产生一定的粉尘,运输过程中的震动造成煤体与煤体之间发生摩擦、挤压和碰撞等作用,因此粉尘产生量较低。运煤过程中粉尘的产生主要与掘进生产过程中的煤体间相互作用和外界震动有关。

（5）二次扬尘。

巷道侧壁和设备表面附着大量静止粉尘，受采动应力和设备震动的影响，部分粉尘逐渐积聚能量并脱落，重新进入巷道空间内；沉积在巷道底板的粉尘，在人员作业扰动和风流卷吸的作用下，获得一定的动能，当动能作用大于重力作用时，粉尘由静止状态变为浮游状态，重新进入巷道空间内随风流扩散。

6.1.2　瓦斯来源

掘进工作面生产期间，通常伴随着大量瓦斯的产生，通过对掘进工作面瓦斯产生情况进行研究分析，可知巷道空间内的瓦斯主要以游离态和吸附态形式存在，游离态瓦斯主要在煤体孔隙中自由运动，吸附态瓦斯主要吸附于各类孔隙和裂隙表面。除煤体渗透瓦斯外，巷道内产生瓦斯的主要原因是外界作用力改变了煤体应力、煤体中瓦斯压力以及煤的多种物理力学性质，因此掘进工作面的瓦斯产生机埋主要包括外力作用产生瓦斯机理和煤体渗透产生瓦斯机理。

1. 外力作用产生瓦斯机理

当煤体受外力作用发生震动、摩擦、挤压和破碎等情况时，煤体的表面和内部结构遭到不同程度的破坏，煤体的瓦斯压力平衡状态被打破，煤体透气性系数增加形成卸压带，由于煤体内瓦斯压力高于巷道空间内的瓦斯压力，煤体内瓦斯在压力梯度的影响下沿孔隙和裂隙向巷道空间内不断涌出，煤体内瓦斯压力发生重新分布，瓦斯压力的下降幅度沿瓦斯涌出方向逐渐减小。同时，当新的煤体暴露在巷道空间内时，受采动应力的影响，煤体表面的吸附态瓦斯逐渐发生解吸向巷道空间内释放。

2. 煤体渗透产生瓦斯机理

巷道空间内裸露的煤壁表面附着少量瓦斯，瓦斯主要以吸附态形式存在，由于煤壁内瓦斯压力大于巷道空间内瓦斯压力，煤壁内游离态瓦斯沿孔隙和裂隙逐渐向煤壁表面流动，煤壁表面的游离态瓦斯平衡状态被打破，使部分吸附态瓦斯扩散进入巷道空间内。同时，当风流流过煤壁表面时，煤壁表面吸附态瓦斯的平衡状态被打破，吸附态瓦斯在风流卷吸作用下逐渐向巷道空间内渗透。

基于掘进工作面瓦斯产生机理,对掘进工作面各生产工序瓦斯产生情况进行研究分析,由于煤体本身赋存瓦斯,因此在割煤、装煤、转载和运煤等工序中,煤体均向巷道空间内释放瓦斯。掘进工作面的瓦斯主要有以下两种来源。

(1)割煤工序产生瓦斯。

迎头割煤是巷道空间内瓦斯的主要来源,瓦斯产生量超过80%。掘进机截割迎头煤体时,截齿与煤体之间发生摩擦、挤压等作用,使煤体移动和破碎,煤体的内部结构遭受严重的破坏,从而释放出大量瓦斯,且截割后新暴露的煤体表面受采动应力的影响解吸大量瓦斯,同时,煤体从高处抛落,落地后与巷道底板或煤块碰撞后,进一步发生破碎而释放瓦斯。由于巷道掘进生产是持续进行的,因此迎头掘进工序连续释放瓦斯是不可避免的。掘进工序瓦斯产生量与地质构造、煤层赋存瓦斯情况、巷道平均掘进速度和巷道迎头断面等因素有关,对掘进工作面瓦斯产生量影响最大的是地质构造,其次分别为煤的可解吸瓦斯量、掘进速度、煤层厚度及煤巷掘进长度等。

(2)煤体渗透产生瓦斯。

巷道掘进过程中,巷道壁面受采动的影响较小,煤体内瓦斯压力相对稳定,煤壁发生解吸和渗流运动的频率较低,因此瓦斯产生量较低;同时,受其他工序的影响,巷道底板的透气性很小,可以把底板视为不透气煤层,瓦斯产生量极低。巷道壁面的瓦斯渗透量主要与巷道长度、巷道断面内暴露煤面的周边长度、巷道平均掘进速度以及暴露煤壁初始瓦斯涌出强度有关。

6.2　煤矿粉尘、瓦斯基本参数与测定

6.2.1　粉尘基本特性

1. 粉尘粒度分布

煤矿生产过程产生的矿尘与其他粉尘一样,是由各种不同粒径的尘粒组成的集合体,因此单纯用平均粒径来表征这种集合体是不能反映出其真实水平的。粉体工学采用"粉尘粒度分布"这一概念,按照《煤矿科技术语 第8部分:煤

矿安全》（GB/T 15663.8—2008），其又可称为"粉尘分散度"或"粉尘粒径分布"，用在矿尘中时，它表征部分煤岩及少数其他物质被粉碎的程度。

粉尘粒度分布指的是不同粒径粉尘的质量（或颗粒数）占粉尘总质量（或总颗粒数）的百分比。通常，粉尘分散度高，表示粉尘中微细尘粒占的比例大；粉尘分散度低，表示粉尘中粗大颗粒占的比例大。

2. 粉尘密度

自然堆积状态下的粉尘通常是不密实的，颗粒之间与颗粒内部均存在一定空隙。因此，在自然堆积，即松散状态下，单位体积粉尘的质量要比密实状态下的小得多，所以粉尘的密度分为堆积密度和真密度。粉尘呈自然堆积状态时，单位体积粉尘的质量称为堆积密度，它与粉尘的贮运设备和除尘器灰斗容积的设计有密切关系。不包括粉尘间空隙的单位体积粉尘的质量称为真密度，它对机械类除尘器（如旋风除尘器、惯性除尘器、重力沉降室）的工作效率具有直接的影响。例如对于粒径大、真密度大的粉尘，可以选用重力沉降室或旋风除尘器。

3. 粉尘的安置角与滑动角

将粉尘自然地堆放在水平面上，堆积成圆锥体，锥底角通常称为安置角，也叫自然堆积角、安息角或修止角，一般为 35°～50°；将粉尘置于光滑的平板上，使该板倾斜到粉尘开始滑动时的角度称为滑动角，一般为 30°～40°。粉尘的安置角和滑动角是评价粉尘流动性的一个重要指标，它与粉尘的含水率、粒径、尘粒形状、尘粒表面粗糙度、黏附性等因素有关，是设计除尘器灰斗或料仓锥度、除尘管道或输灰管道倾斜度的主要依据。

4. 粉尘的湿润性

粉尘颗粒与液体接触能否相互附着或附着难易的性质称为粉尘的湿润性。粉尘的湿润性与粉尘的种类、粒径和形状、生成条件、组分、温度、含水率、表面粗糙度及荷电性等有关。例如，水对飞灰的湿润性要比对滑石粉好得多；球形颗粒的湿润性要比形状不规则和表面粗糙的颗粒差。粉尘越细，湿润性越差，如石英的湿润性虽好，但粉碎成粉末后湿润性将大大下降。粉尘的湿润性随压力的增大而增大，随温度的升高而下降。粉尘的湿润性还与液体的表面张力及粉尘与液体之间的黏附力和接触方式有关。

5. 粉尘的黏附性

粉尘附着在固体表面上,或彼此相互附着的现象称为黏附。产生黏附的原因是存在黏附力。粉尘之间或粉尘与固体表面之间的黏附性质称为粉尘的黏附性。在气态介质中,产生黏附的作用力主要有范德瓦耳斯力、静电引力和毛细黏附力等。影响粉尘黏附性的因素很多,现象也很复杂,粉尘黏附现象还与其周围介质性质有关。一般情况下,粉尘的粒径小、表面粗糙、形状不规则、含水率高、湿润性好和带电量大时易产生黏附。

粉尘之间的凝并与粉尘在器壁或管壁的堆积,都与粉尘的黏附性有关。前者会使尘粒增大,使粉尘易被各种除尘器所捕集,后者易使除尘设备或管道发生故障。粉尘黏附性的大小取决于粉尘的性质(包括形状、粒径、含水率等)和外部条件(包括空气的温度、湿度,尘粒的运动状况、电场力、惯性力等)。

6. 粉尘的磨损性

粉尘的磨损性指粉尘在流动过程中对器壁或管壁的磨损程度。硬度高、密度大、带有棱角的粉尘磨损性大,在高气流速度下,粉尘对管壁的磨损更为严重。为了减少粉尘的磨损,需要适当地选取除尘管道中的气流速度和壁厚。针对粉尘的磨损性,最好在易于磨损的部位(如管道的弯头、旋风除尘器的内壁等处)采用耐磨材料作内衬,除了一般耐磨涂料外还可以采用铸石、铸铁等材料。

7. 粉尘的化学成分

研究认为,悬浮粉尘的化学组分和原矿石的成分基本是一致的,只是其中有些挥发性成分减少,而有些组成成分的比例相对增加。据测定,岩石、煤块与空气中岩尘、煤尘的游离 SiO_2 含量相差 20%～30%。粉尘中游离 SiO_2 含量一般比原矿石中的含量低。

由于不同煤矿煤系不同,它们的岩石和煤的化学组成也不一样。如果煤系的沉积岩以砂岩、砾岩为主,则 SiO_2 含量高;如果以黏土岩、页岩为主,则 SiO_2 含量低。

我国煤矿岩巷掘进工作面的矿尘中,游离 SiO_2 含量为 14%～80%,多数为 30%～50%。我国煤矿多数采煤工作面的矿尘中,游离 SiO_2 含量在 5%以下,也有少数煤质差的采煤工作面的矿尘中，游离 SiO_2 含量在 5% 以上。

8. 粉尘的爆炸性

当悬浮在空气中的某些粉尘（如煤尘、麻尘等）达到一定浓度时，若存在能量足够的火源（如高温、明火、电火花、摩擦、碰撞等），将会引起爆炸，这类粉尘称为有爆炸危险性粉尘。这里所说的"爆炸"是指可燃物的剧烈氧化作用，并在瞬间产生大量的热量和燃烧产物，在空间内造成很高的温度和压力，又称为化学爆炸。可燃物除可燃粉尘外，还包括可燃气体和蒸气。可燃物爆炸必须具备两个条件：一是可燃物与空气或含氧成分的混合可燃物达到一定的浓度；二是存在能量足够的火源。

粉尘的粒径越小，表面积越大，粉尘和空气的湿度越小，爆炸性越大。对于有爆炸性的粉尘，在进行通风除尘系统设计时必须给予充分注意，采取必要和有效的防爆炸措施。爆炸性是某些粉尘特有的，具有爆炸性的粉尘在空气中的浓度只有在一定范围内时才能发生爆炸，发生爆炸的最低浓度叫作爆炸下限，最高浓度叫作爆炸上限。粉尘的爆炸上限数值很大，在通常情况下达不到，故无实际意义。

6.2.2 粉尘物性测定

1. 粉尘粒度分布测定

粉尘粒度分布的测定方法可参考《煤矿粉尘粒度分布测定方法》（GB/T 20966—2007）中的重力沉降光透法，即根据斯托克斯沉降原理和比尔定律测定粉尘粒度分布。将粉尘溶液经过混合后移入沉降池中，使沉降池中的粉尘溶液处于均匀状态。溶液中的粉尘颗粒在自身重力的作用下发生沉降。在沉降初期，光束所处平面的溶质颗粒动态平衡，即离开该平面的颗粒数与从上层沉降到此的颗粒数相同，所以该处的浓度是保持不变的。不同粒径颗粒的沉降速度是不同的，大颗粒的沉降速度快，小颗粒的沉降速度较慢。当悬浮液中存在的最大颗粒平面穿过光束平面后，该平面上就不再有相同大小的颗粒来替代，这个平面的浓度也随之开始减小。时刻 t 和深度 h 处的悬浮液中只含有小于 d_{st} 的颗粒。d_{st} 由斯托克斯公式（6-2-1）决定：

$$d_{st} = \sqrt{\frac{18\mu h}{(\rho_p - \rho_l)gt}} \qquad\qquad (6\text{-}2\text{-}1)$$

式中：d_{st}——粉尘的斯托克斯粒径，μm；

　　　h——粉尘溶液在沉降池中的高度，m；

　　　t——沉降时间，s；

　　　μ——测量时温度对应的分散液体的运动黏度，$g/(cm \cdot s)$；

　　　ρ_l——测量时温度对应的分散液体的真密度，g/cm^3；

　　　ρ_p——粉尘真密度，g/cm^3；

　　　g——重力加速度，$9.8\ m/s^2$。

2. 粉尘湿润性测定

粉尘湿润性测定方法较多，如沉降法、接触角法、滴液法、毛细管反向渗透增重法等。这里主要介绍沉降法与毛细管反向渗透增重法。

1）沉降法

沉降法参考《矿用降尘剂性能测定方法》（MT 506—1996）中的沉降法，即记录 1.0 g 煤尘在湿润剂溶液中完全沉降所需时间，以此收集粉尘湿润性能数据。

2）毛细管反向渗透增重法

毛细管反向渗透增重法主要测定煤尘的吸水增重和湿润剂在毛细管煤尘中上升的高度，将它们作为判定湿润剂性能优劣的依据。然而结合具体试验过程，湿润剂通常无法在毛细管中均匀上升，因而通过上升高度来判定湿润剂性能存在一定偏差，因此，采用称量毛细管在一定时间后的增重的方法作为判定依据是更合理的。毛细管反向渗透增重法原理（见图 6-2-1）是在装有煤尘的毛细玻璃管的一端附加渗透膜，煤尘通过渗透膜与润湿液接触，润湿液反向渗入煤尘，通过称量一定时间内煤尘柱的吸湿质量来表征煤尘的湿润性能。为加快试验进程，提高不同煤样湿润性的识别率，可在润湿液中添加一定浓度的湿润剂。

3. 粉尘真密度测定

粉尘真密度的测定方法较多，常用的是液体置换法（也称比重瓶法），还有气相膨胀法。本节仅介绍《煤和岩石物理力学性质测定方法 第 2 部分：煤和岩

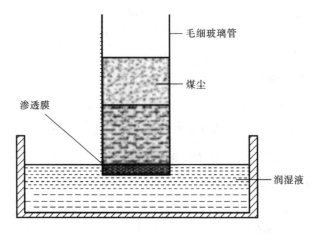

毛细玻璃管

煤尘

渗透膜

润湿液

图 6-2-1　毛细管反向渗透增重法原理示意图

石真密度测定方法》(GB/T 23561.2—2009)中规定的方法。

粉尘真密度的测定方法是通过求出粉尘的真实体积进而计算出真密度,具体过程是以十二烷基硫酸钠(或十二烷基苯磺酸钠)溶液为浸润液,使煤样在密度瓶中润湿沉降并排除吸附的气体,根据煤样排除的同体积水的质量算出煤的粉尘真密度。

其计算公式如下:

$$\rho = \frac{M\rho_s}{M + M_2 - M_1} \qquad (6\text{-}2\text{-}2)$$

式中:ρ——试样真密度,g/cm^3;

M——试样质量,g;

M_1——比重瓶、试样、湿润剂蒸馏水合重,g;

M_2——比重瓶和满瓶蒸馏水合重,g;

ρ_s——室温下蒸馏水的密度,g/cm^3,$\rho_s \approx 1\ g/cm^3$。

4. 粉尘爆炸性测定

粉尘爆炸性测定通常采用大管状煤尘爆炸性鉴定仪对粉尘的爆炸性进行鉴定。即 1 g 粉尘试样通过玻璃管中已加热至 1100 ℃的加热器时,观察是否有火焰产生。只要在 5 次煤样试验中有 1 次出现火焰,则该煤样为"有煤尘爆炸性";若在 10 次煤样试验中均未出现火焰,则该煤样为"无煤尘爆炸性"。详细步骤可参照《煤尘爆炸性鉴定规范》(AQ 1045—2007)。

6.2.3　瓦斯基本特性

1. 瓦斯的形成

一般认为狭义的瓦斯指的是甲烷,而广义的瓦斯包括煤岩生成的或煤矿开采过程中形成的所有有害气体。煤层气是煤层产生气体经运移、扩散后的剩余气体,包括颗粒基表面吸附气、割理和裂隙游离气、煤层水中的溶解气以及煤层之间砂岩、碳酸岩等储层夹层间的游离气等。因此,煤层气的主要成分就是瓦斯,二者一般情况下相同。

2. 瓦斯的性质

对于煤矿而言,狭义的瓦斯指甲烷,广义的瓦斯主要成分是甲烷。甲烷也是煤层气、天然气和可燃冰的主要成分,是一种最简单的有机化合物。因此,瓦斯的性质可认为是甲烷的性质。

由于气体受温度、压力等的影响,气体的状态函数中热力学能、焓和吉布斯自由能等的绝对值是无法确定的。国际纯粹与应用化学联合会(IUPAC)推荐选择 273.15 K(0 ℃)作为参考温度,100 kPa 为标准压力,以此为标准状态来比较不同状态时各参数的相对值。甲烷在 0 ℃ 和 0.1 MPa 大气压力下的主要性质见表 6-2-1。

表 6-2-1　甲烷在标准状态下的物理性质

密度 /(kg/m³)	扩散系数 /(cm²/s)	分子体积 /(m³/mol)	水中溶解度 /mg	对空气的比重
0.7168	0.196	22.36	55.6	0.5545

煤层中的瓦斯形成后,大部分逸散出煤层,少部分以吸附或游离的形式存在于煤层中。大量现场实际测定数据表明,煤层可解吸瓦斯含量和进行瓦斯抽放后统计的抽放量之间存在较大的差距,部分原因是煤层中的瓦斯受到压缩,不能用理想气体方程来计算瓦斯含量。进行实际气体性质修正时通常使用气体压缩系数。

6.2.4 瓦斯评价参数

1. 煤层原始瓦斯压力

煤层原始瓦斯压力(primitive gas pressure in coal seam)是非常重要的煤层瓦斯基础参数之一,煤层瓦斯压力梯度是煤层瓦斯流动和涌出的主要动力,煤层原始瓦斯压力的获得是研究煤层瓦斯压力梯度的基础;煤层原始瓦斯压力的准确获取不仅对煤层瓦斯抽放具有重要意义,而且对煤与瓦斯突出危险性的鉴定和预测,以及原始瓦斯压力流场分布规律的研究也具有重要意义。煤层原始瓦斯压力受到采动影响、瓦斯抽采和人为泄压后残存的瓦斯呈现的压力称为煤层残存瓦斯压力(residual gas pressure in coal seam)。

目前测定煤层瓦斯压力的方法主要有直接测定法和间接测定法两种,这两种方法各有不同的适用条件,又通常互为补充和验证。影响直接测定煤层瓦斯压力结果的因素主要是测定地点的选择和钻孔封闭性,在测定地点选择合理、钻孔封闭密实不漏气的情况下,可得到真实、准确的煤层瓦斯压力值,间接测定煤层瓦斯压力的方法一般用于难以直接测定煤层瓦斯压力的条件下。

间接测定煤层瓦斯压力是根据煤层瓦斯流动规律、瓦斯解吸规律、煤层渗透系数、煤层瓦斯含量系数或瓦斯等温吸附曲线等,在测定地点附近测定煤层瓦斯含量和瓦斯涌出量等参数,根据这些数据推测出测定地点的瓦斯压力。如果对瓦斯压力精度要求不高,也可以根据瓦斯地质规律,采用瓦斯压力梯度来预测未测定区域的瓦斯压力,但这种方法不宜用在构造发育区或其他异常区,因此对突出煤层的准确鉴定和预测无指导意义,但可用于煤层预抽前的瓦斯参数估测。

间接测定煤层瓦斯压力的方法有多种,朗缪尔(Langmuir)吸附公式计算出的煤层瓦斯压力因更接近真实值而被广泛采用,其涉及的参数主要有煤层瓦斯含量、煤的吸附能力、煤的水分和灰分含量等,该公式被修正后写入了《煤矿瓦斯抽采基本指标》(AQ 1026—2006)。

2. 煤层瓦斯含量

准确获得煤层瓦斯含量(gas content in coal seam)对于提高瓦斯预测预报的准确性、矿井有计划的瓦斯治理,以及矿井设计生产和煤层气资源评估具有重要意义。我国目前井下测定煤层瓦斯含量的方法主要是间接法和直接法,其中间接法是通过测定煤层瓦斯压力、瓦斯吸附常数,间接确定煤层瓦斯含量。间接法现场工程量大,测定时间较长,测定精度难以满足工程应用需求,因此,直接法仍是目前获取煤层瓦斯含量的主要方法。煤层瓦斯含量的直接测定可根据《煤层瓦斯含量井下直接测定方法》(GB/T 23250—2009)进行。

实测表明,1000~2000 m 开采深度以内煤层的吸附态瓦斯量占 88%~95%,而游离态瓦斯量占 5%~12%。

《防治煤与瓦斯突出规定》第五十五条要求,对顺层钻孔预抽煤巷条带煤层瓦斯区域防突措施进行检验时,在煤巷条带每间隔 20~30 m 至少布置 1 个检验测试点;对穿层钻孔预抽煤巷条带煤层瓦斯区域防突措施进行检验时,在煤巷条带每间隔 30~50 m 至少布置 1 个检验测试点。《煤矿瓦斯抽采基本指标》(AQ 1026—2006)中对矿井开采时的瓦斯含量的要求如下:突出煤层工作面采掘作业前必须将控制范围内煤层的瓦斯含量降到煤层始突深度的瓦斯含量以下或将瓦斯压力降到煤层始突深度的煤层瓦斯压力以下。若没能考察出煤层始突深度的煤层瓦斯含量或压力,则必须将煤层瓦斯含量降到 8 m³/t 以下,或将煤层瓦斯压力降到 0.74 MPa(表压)以下。快速、准确地测定煤层瓦斯含量是煤与瓦斯突出矿井区域防突的重要环节,对煤矿生产有重要意义。

按相关的国家标准,瓦斯含量测定仪器设备包括煤样罐(容积可装煤 400 g以上,内径大于 60 mm)、瓦斯解吸速度测定仪(最小刻度为 2 mL,有效体积大于 800 cm²)、气压计、秒表、温度计、真空脱气装置或自然解吸装置、球磨机或粉碎机、气相色谱仪、天平、超级恒温器(95~100 ℃)、水分快速测定仪和一些辅助设备,进行瓦斯含量测定时还需要钻机、钻杆、钻进过程中的排粉动力或定点取样仪器等。在进行瓦斯含量的现场测定时,需要首先检查煤样罐、瓦斯解吸速度测定仪等仪器设备及其连接件的气密性。

进行瓦斯含量测定时,同一地点一般取 2 个采样孔,其间距大于 5 m,采样地点一般选新暴露的煤壁,取样深度大于 12 m(也可根据采掘面暴露时间确定取样深度,但一般不小于 12 m),穿层孔取样时,应根据岩性和可能的瓦斯逸散情况确定距煤层的法线距离,但其垂距一般不小于 5 m,取样时间不宜超过5 min。如果取钻芯,则应采集不含矸石的完整部分,对粉状或块状煤芯应剔除矸石和研磨烧焦的部分。煤样一般不要用水进行清洗,保持自然态装入煤样罐中并保证罐口留约 10 mm 的空隙,装煤样过程中不要对煤样进行压实。采过的煤样应留存完整的记录并进行编号。

煤样在煤样罐中的解吸量和解吸规律记录时间一般为 60~120 min,前 30 min 每分钟记录一次数据,以后可 2~5 min 记录一次,数据记录时间截止条件为每分钟的解吸量小于 2 mL。在测定瓦斯解吸量时应记录大气压力和温度等。煤样的现场解吸量测定完成后,需要进行煤样罐的气密性检查,如发现漏气则煤样作废,需要重新进行相关操作,如不漏气可送实验室进行残存量的测定。残存量可采用脱气法或常压自然解吸法来测定,这两种方法均符合国家标准要求。

6.2.5 突出煤层的合理采掘部署

1. 合理的开采程序

开采突出煤层时,应选择无突出危险的煤层作保护层,所有的煤层都有突出危险时,应选择突出危险程度小的煤层作保护层。

在煤与瓦斯突出的矿井中,保护层往往是几层煤中开采条件较差的薄煤层,被保护煤层一般都是矿井中开采条件较好的中厚煤层,是矿井的主采层。保护层的采掘速度,大大低于被保护层的采掘速度。一般要开采 2 个或 3 个保护层,才能保证一个主采面的正常接续。因此,合理安排保护层的采掘力量是确保保护层超前的关键。

2. 合理的采掘部署

想要实现合理的采掘部署,就要加强矿井的开拓、掘进、瓦斯抽放、保护层开采等工作。实现水平延深、开拓、采区准备、预测预报、瓦斯抽放、保护层开采"六个超前";形成以开拓保预测、以准备保预抽、以预抽保保护层开采、以保护层开采保主采、以主采保效益、以瓦斯保利用的"六个保证"。

3. 合理的抽掘采接替

在矿井的采区生产布局中,一般都要形成 3 个区,即生产区、准备区和开拓区,且各自相对独立。这样才能保证采掘互不干扰,生产正常进行。

在有煤与瓦斯突出的矿井中,仅靠实现"三区成套",还不能满足矿井的正常接续,还必须实现"两超前",即瓦斯抽放超前和保护层开采超前。

保护层开采超前也就是保护层要优于被保护层提前开采。保护层的开采必须与瓦斯抽放相结合。

瓦斯抽放工作必须事先安排、提前设计、提前施工,在保护层开采前就布置好抽放系统。保护层一开采,初期来压之后便可抽出瓦斯,以后随保护层工作面的推进不断调整、跟进抽放。这就是瓦斯抽放超前。

为此,"三区成套、两超前"是检查有煤与瓦斯突出矿井中采掘部署正常与否的又一个重要标准。

4. 合理的通风系统

开采突出煤层需建立完善可靠的采掘独立通风系统,提高矿井通风抗灾能力,包括:① 采、掘工作面应实行独立通风,严禁两个工作面之间的串联通风;② 采煤工作面不得采用下行通风;③ 控制风流的风门、风桥、风墙、风窗等设施必须可靠,采煤工作面的回风侧不应设置风窗;④ 突出煤层的掘进通风方式必须采用压入式;⑤ 掘进工作面的局部通风机应采用"三专"(专用变压器、专用开关、专用线路)供电;⑥ 保护层、被保护层采煤工作面宜采用 Y 形通风,以避免工作面上隅角回风巷瓦斯经常超限。

6.3　掘进工作面矿尘影响因素与浮尘运动

6.3.1　影响产尘的主要因素

1. 采掘机械化程度和开采强度

据不完全统计,机械化开采的煤矿井下矿尘的 $70\%\sim85\%$ 来自采掘工作面。采掘机械化程度的提高和开采强度的加大使产尘量大幅增加。在地质条件和通风状况基本相同的情况下,使用不同的采掘方法及有无防尘措施,其产尘浓度相差很大,有无防尘措施也会影响粉尘的粒度分布。

产尘量除受采掘机械化程度因素的影响外,与开采强度(即工作面的产量)也有密切关系。一般情况下,在没有采取防尘措施的煤矿井下,产生的煤尘量等于采煤量的 $1\%\sim3\%$,在有的综采工作面甚至达到了 5% 以上。

2. 地质构造及煤层赋存条件

对于地质构造复杂、断层褶曲发育、受地质构造运动破坏强烈的煤田,开采时产尘量大、粉尘颗粒细、呼吸性粉尘含量高。

煤层的厚度、倾角等赋存条件对产尘量也有明显影响。开采厚煤层比开采薄煤层的产尘量大;开采急倾斜或倾斜煤层比开采缓倾斜煤层产尘量大。

3. 煤岩的物理性质

一般情况下,节理发育、易碎、结构疏松、水分少的煤岩较其他煤岩产尘量大,尘粒也较细。

4. 环境温度和湿度

在其他条件相同的情况下,如果作业环境温度高、湿度低,则悬浮在空气中的粉尘的浓度就大。

5. 作业点的通风状况

(1)通风方式。

在合适条件(如急倾斜倒台阶采煤工作面)下,下行通风方式比上行通风方式产尘量小;作业点分区通风方式比串联通风方式产尘量小。

(2)风速。

风速是影响作业环境空气中粉尘含量极重要的因素。风速过大,会将已沉积的矿尘吹扬起来;风速过低,影响供风量和矿尘的吹散。最佳排尘风速要根据不同作业点的特点而定。国内外专家认为,掘进工作面的最佳最低排尘风速为 0.25~0.5 m/s。

6.3.2　浮游粉尘的运动状况

井下作业产生的浮游粉尘因受风流吹动和自身的重力作用,将做定向运动或不规则(布朗)运动。

粉尘在风流作用下的运动状况与风流的状态有密切关系。当风速较大时,即风速与尘粒的速度比接近 1 时,尘粒基本处于均匀分布状态,呈悬浮状态;当风速较小时,速度比是不规则变化的,尘粒呈疏密流或停滞流;当接近巷道的底板扬起粉尘时,粉尘绝大部分靠近巷道下部运动;当风速很小时,粉尘仅部分被风流带走,当局部巷道断面变小、风流增大时,粉尘的运动状态也随之发生变化。

悬浮在风流中的粉尘在自身的重力作用下沉降,一般情况下,进入回风巷内的部分粉尘大致在距工作面 60 m 的范围内沉降下来;装载点扬起的部分粉尘大致在距尘源 20 m 范围内沉降下来。

悬浮在气流中的微细粉尘是很难沉降的,仅靠与障碍物接触时黏附在障碍物上,当聚集的尘团重力大于黏附力时,便第二次进入风流中。

沉积粉尘可被风流再次扬起,此时的风速叫作沉积粉尘的吹扬速度。煤尘堆被吹扬的速度为 5~25 m/s;单层煤尘被吹扬的速度为 20~140 m/s;煤尘堆局部被吹扬的速度为 2~24 m/s;单层煤尘局部被吹扬的速度为 2~6 m/s。

6.4　掘进工作面防治粉尘、瓦斯相关技术

6.4.1　局部通风方式的确定

我国传统的煤矿巷道掘进通风方式是局部通风机压入式通风方式。这种通风方式虽然具有通风设备简单、管理方便、能及时排除工作面烟尘和冲散工作面瓦斯、能使工作面含尘气流迅速沿巷道排出等优点,但随着掘进机械化水平的提高,工作面的瓦斯涌出量和产尘强度急剧上升,若仍采用单一的压入式通风方式,将会使大量的粉尘吹出工作面,造成有人工作的巷道段及回风系统的严重污染,直接影响着工人的身体健康。此外,从工作面吹出来的粉尘逐步地沉降积聚也是影响矿山安全的一大隐患,所以单一的压入式通风方式已不能适应掘进工作面的除尘和稀释瓦斯等安全方面的要求。为此,根据我国煤矿掘进工作面瓦斯、粉尘的实际情况,在选用我国现有的湿式除尘风机的基础上,宜采用如下通风方式,即单抽出式、长抽短压式和长压短抽式通风方式,如图 6-4-1 所示。

考虑到单抽出式通风方式由于风机安装于回风流中,不能用于瓦斯含量较大的综掘巷道内,并且根据我国除尘风机的实际情况,在没有较大功率的除尘风机的情况下,难以实现长距离掘进通风,若想实现,就必须串联通风,从而导致通风管理复杂、困难。长抽短压式通风方式不利于控制瓦斯,随着巷道的推

进,抽出式风筒长、阻力大,工作面得不到足够的风量稀释瓦斯。长抽长压式通风方式沿整个巷道全部处在风筒重叠段,容易产生微风,造成瓦斯积聚等缺陷,综合考虑多种因素,决定掘进工作面封闭式控尘系统采用长压短抽式通风方式。这种布置方式具有以下优点:①风筒管理维护比较简单,不需要配备专职的风筒维护人员;②伸缩风筒用量小(30 m);③除尘风机能随机移动,而且保证除尘风机风筒吸尘口与工作面的距离不变;④能有效排除积聚瓦斯和滞留粉尘,实现粉尘就地净化,避免粉尘在风筒中沉积。因此,在实际应用中需要合理

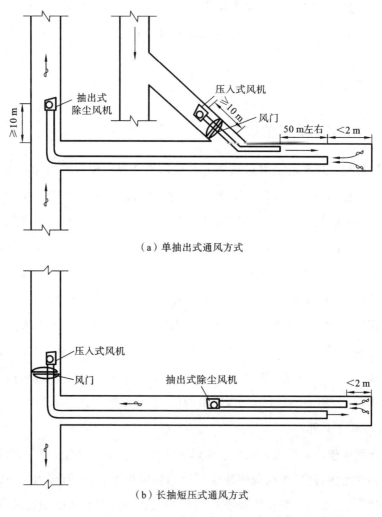

（a）单抽出式通风方式

（b）长抽短压式通风方式

图 6-4-1　掘进工作面待采用的通风方式

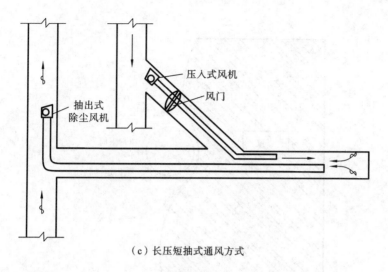

（c）长压短抽式通风方式

续图 6-4-1

确定抽出式除尘风机和压入式风机的选型,控制压入式风机的供风距离,及时减小压入式通风距离,这样才能保证供应到掘进工作面的风量满足要求,掘进工作面不会出现循环风或者微风的现象。

6.4.2　泡沫除尘工艺的确定

以掘进工作面为例分析煤岩受掘进机截割时粉尘的瞬间运动轨迹。目前井下所使用的掘进机从工作方式上分为纵轴式截割和横轴式截割两种。前者工作时截割头埋在被截割的煤岩中,转速较低,产尘较少;后者截齿多,工作时不被煤岩所包埋,转速高,产尘较多,粉尘扩散严重。粉尘的瞬间运动轨迹直接影响着泡沫除尘工艺的选择。图 6-4-2 所示为横轴式截割掘进机工作时粉尘的瞬间运动轨迹。在不考虑风流影响的情况下,煤岩破碎产生的粉尘大部分沿着切割滚筒旋转的方向被带出来。

要达到高效防治粉尘扩散的目的,必须使得粉尘在扩散的初期得到有效的抑制,也就是说必须在粉尘呈浮游状态前把泡沫施加到产尘点,即泡沫的作用范围必须覆盖尘源附近有可能向外扩散粉尘的区域。如图 6-4-3 所示,根据粉尘的扩散轨迹设计泡沫捕尘方法,该方法使得泡沫作用范围有效地覆盖粉尘的扩散通道,使粉尘在尘源附近就被捕捉并沉降。

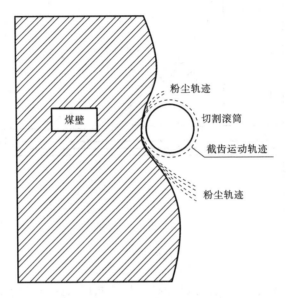

图 6-4-2　横轴式截割掘进机工作时粉尘的瞬间运动轨迹

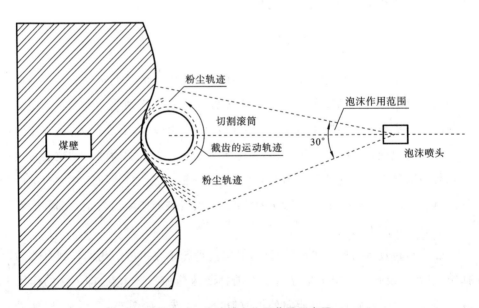

图 6-4-3　泡沫捕尘作用范围示意图

6.5　掘进工作面通风系统的粉尘与瓦斯扩散研究

6.5.1　数值计算中瓦斯、粉尘的力学特性

1. 瓦斯的力学特性

瓦斯主要在掘进工作面掘进工序中产生,主要包含两个过程:一是迎头煤壁破碎使瓦斯原有动态平衡状态被打破,瓦斯受到压力、浓度以及温度等因素的影响,从煤体内渗透至巷道内;二是瓦斯在风流的作用下在巷道内扩散,其本质是瓦斯与空气的混合气体在巷道内扩散,因此,瓦斯在巷道内的扩散行为除与本身物理特性有关,还与风流的特性有密切关系。

1)瓦斯渗流特性

瓦斯渗流特性主要指以游离态赋存在煤层中的瓦斯在压力梯度的驱动下,沿压力降低的方向做层流流动进入巷道。其流动规律符合达西定律。

$$q = \lambda l = \mathrm{grad}(p) \tag{6-5-1}$$

式中:q——比流量矢量,$\mathrm{m^3/(m^2 \cdot d)}$;

　　　l——压力梯度;

　　　λ——透气性系数。

2)瓦斯扩散特性

瓦斯扩散特性体现在瓦斯在风流的作用下在巷道内扩散的过程。此过程中,流体各组分的质量分数随时间和空间变化,但是对系统而言,每一种组分都服从组分质量守恒定律。由于巷道内瓦斯浓度较小,瓦斯从高浓度区域向低浓度区域扩散,此过程分为拟稳态扩散与非稳态扩散两种。拟稳态扩散遵从菲克第一定律,非稳态扩散遵从菲克第二定律。

由菲克第一定律可知,在稳态扩散的条件下,单位时间内通过垂直于扩散方向的单位面积的扩散物质量与该截面处的浓度梯度成正比。菲克第一定律的表达式为

$$J = -D\left(\frac{\partial C}{\partial x}\right) \tag{6-5-2}$$

式中:J——扩散通量;

D——扩散系数；

C——扩散瓦斯的体积浓度。

在实际中，绝大多数瓦斯扩散过程属于非稳态扩散过程，在扩散过程中任意一点的瓦斯浓度随时间而变化，在菲克第一定律的基础上推导出了菲克第二定律，表达式为

$$\frac{\partial C}{\partial t} = D\frac{\partial^2 C}{\partial x^2} \qquad (6-5-3)$$

对于各向同性的三维扩散体系，菲克第二定律的表达式可写为

$$\frac{\partial C}{\partial t} = D\left(\frac{\partial^2 C}{\partial x^2} + \frac{\partial^2 C}{\partial y^2} + \frac{\partial^2 C}{\partial z^2}\right) \qquad (6-5-4)$$

菲克第二定律的表达式描述了不稳定扩散条件下介质中各点物质浓度因扩散而发生的变化。根据各种具体的起始条件和边界条件，对菲克第二定律的表达式进行求解，便可得到相应体系物质浓度随时间、空间变化的规律。

2. 粉尘的力学特性

粉尘在巷道内随风流和在空气和瓦斯混合气体的影响下扩散，在此期间，粉尘颗粒的受力情况是复杂变化的，其所受的力主要包含重力、浮力、黏性阻力、压力梯度力、附加质量力、马格努斯力、巴塞特力、萨夫曼升力和热泳力。

1）重力

假设粉尘颗粒为球体，受力表达式为

$$G = \frac{1}{6}\rho_p \pi d_p^3 g \qquad (6-5-5)$$

式中：G——粉尘颗粒重力；

ρ_p——粉尘密度；

d_p——粉尘颗粒等效直径；

g——重力加速度。

2）浮力

粉尘颗粒进入巷道后，排开与自身体积相同的空气和瓦斯的混合气体，由阿基米德原理可得，粉尘颗粒受到的浮力等于所排开混合气体的重力。

$$F_f = \frac{1}{6}\rho_m \pi d_p^3 g \qquad (6-5-6)$$

$$\rho_{\mathrm{m}} = \frac{\rho_{\mathrm{CH_4}} V_{\mathrm{CH_4}} + \rho_{\mathrm{a}} V_{\mathrm{a}}}{\frac{1}{6}\pi d_{\mathrm{p}}^3} = \frac{6\rho_{\mathrm{CH_4}} V_{\mathrm{CH_4}} + 6\rho_{\mathrm{a}} V_{\mathrm{a}}}{\pi d_{\mathrm{p}}^3} \tag{6-5-7}$$

将式(6-5-7)代入式(6-5-6)得:

$$F_{\mathrm{f}} = \rho_{\mathrm{CH_4}} V_{\mathrm{CH_4}} g + \rho_{\mathrm{a}} V_{\mathrm{a}} g \tag{6-5-8}$$

式中:F_{f}——粉尘颗粒浮力;

ρ_{m}——粉尘颗粒排开空气和瓦斯混合气体的密度;

$\rho_{\mathrm{CH_4}}$——瓦斯的密度;

ρ_{a}——空气的密度;

$V_{\mathrm{CH_4}}$——粉尘颗粒排开流体中瓦斯所占体积;

V_{a}——粉尘颗粒排开流体中空气所占体积。

3)黏性阻力

粉尘颗粒在空气和瓦斯混合气体中做相对运动,由于受气体黏性的剪切作用,粉尘颗粒受到摩擦阻力。

$$F_D = \frac{1}{2} C_D \rho_{\mathrm{m}} \mid u_{\mathrm{m}} - u_{\mathrm{p}} \mid (u_{\mathrm{m}} - u_{\mathrm{p}}) \cdot \frac{1}{4}\pi d_{\mathrm{p}}^2 \tag{6-5-9}$$

$$C_D = \frac{24}{Re}, \quad Re = \frac{\rho_{\mathrm{m}} d_{\mathrm{p}} \mid u_{\mathrm{m}} - u_{\mathrm{p}} \mid}{\mu_{\mathrm{m}}} \tag{6-5-10}$$

将式(6-5-10)代入式(6-5-9)得:

$$F_D = 3\pi \mu_{\mathrm{m}} d_{\mathrm{p}} (u_{\mathrm{m}} - u_{\mathrm{p}}) \tag{6-5-11}$$

式中:F_D——粉尘颗粒黏性阻力;

C_D——无量纲阻力系数;

u_{m}——空气和瓦斯混合气体速度;

u_{p}——粉尘颗粒速度;

Re——颗粒的雷诺数;

μ_{m}——空气和瓦斯混合气体的动力黏性系数。

4)压力梯度力

由于巷道中存在压差,空气与瓦斯之间形成压力梯度,对运动中的粉尘颗粒造成一定的作用力,即为压力梯度力,该力的大小等于粉尘颗粒的体积与压力梯度的乘积,方向与压力梯度方向相反。

$$F_p = -\frac{\pi d_p^3}{6} \frac{\partial P}{\partial l} \qquad (6\text{-}5\text{-}12)$$

式中：F_p——粉尘颗粒所受到的压力梯度力；

$\dfrac{\partial P}{\partial l}$——压力梯度。

5）马格努斯力

当空气和瓦斯的混合气体呈低雷诺数湍流时，粉尘颗粒自身旋转产生作用力，旋转方向与混合气体的流动方向垂直，力的方向由逆流侧指向顺流侧，该作用力即马格努斯力。

$$F_M = \frac{3}{4}(\rho_{CH_4} V_{CH_4} + \rho_a V_a)(u_p - u_m)\omega \qquad (6\text{-}5\text{-}13)$$

式中：F_M——粉尘颗粒所受到的马格努斯力；

ω——粉尘颗粒旋转角速度。

6.5.2 基于CFD的掘进工作面粉尘与瓦斯耦合扩散研究

1. 基本控制方程

巷道内的风流-瓦斯-粉尘流动属于多相流问题，目前针对多相流问题的数值研究手段主要有均质平衡流模型和分相流模型。其中，均质平衡流模型假设多种介质之间不存在相对滑移，将整个流场中的流动介质看作密度相同但可变的单一相流体，因此只需求解一组动量方程，具有计算效率高、适应性强等特点，但难以捕捉各相间相互过程。分相流模型相对复杂，流场中的每一相都需进行单独处理，单独求解其对应的动量方程，求解效率较低，稳定性较差，但能够实现对相间相互作用的模拟。巷道内的粉尘与瓦斯分别以颗粒态与气态存在，采用均质平衡流模型处理颗粒捕捉问题存在较大误差，因此，本研究采用分相流模型进行数值模拟。

巷道内为相对开放空间，且整体流速相对不高（相较于声速）。因此，将忽略能量方程，仅以质量守恒方程和动量守恒方程作为多相流流场计算的基本控制方程。

1）连续性方程

连续性方程是质量守恒定律在流体运动中的表现形式，连续性方程的通用

形式为

$$\frac{\partial \rho}{\partial t} + \nabla \cdot (\rho \boldsymbol{v}) = S_\mathrm{m} \tag{6-5-14}$$

式中：S_m——质量源项。

2）动量守恒方程

动量守恒方程可表达为

$$\frac{\partial}{\partial t}(\rho \boldsymbol{v}) + \nabla \cdot (\rho \boldsymbol{vv}) = -\nabla p + \nabla \cdot \boldsymbol{\tau} + \rho \boldsymbol{g} + \boldsymbol{F} \tag{6-5-15}$$

式中：$\rho \boldsymbol{g}$——自身重力；

$\quad\boldsymbol{F}$——所受外力；

$\quad\boldsymbol{\tau}$——应力张量。

$$\boldsymbol{\tau} = \mu \left[(\nabla \boldsymbol{v} + \nabla \boldsymbol{v}^\mathrm{T}) - \frac{2}{3}\nabla \cdot \boldsymbol{v}\boldsymbol{I} \right] \tag{6-5-16}$$

式中：μ——动力黏度；

$\quad\boldsymbol{I}$——单位张量。

3）离散相模型

基于拉格朗日的离散相计算方法用于捕捉粉尘在巷道中的扩散轨迹,离散相的平衡式可写为

$$\frac{\mathrm{d}\boldsymbol{u}_\mathrm{p}}{\mathrm{d}t} = \boldsymbol{F}_D(\boldsymbol{u} - \boldsymbol{u}_\mathrm{p}) + \frac{\boldsymbol{g}(\rho_\mathrm{p} - \rho)}{\rho_\mathrm{p}} + \boldsymbol{F} \tag{6-5-17}$$

式中：$\boldsymbol{F}$——附加加速度项；

$\quad\boldsymbol{F}_D(\boldsymbol{u} - \boldsymbol{u}_\mathrm{p})$——单位颗粒质量的拖曳力；

$\quad\boldsymbol{u}$——流体相的速度；

$\quad\boldsymbol{u}_\mathrm{p}$——颗粒速度；

$\quad\rho$——流体相的密度；

$\quad\rho_\mathrm{p}$——颗粒相的密度。

$$F_D = \frac{18\mu}{\rho_\mathrm{p} d_\mathrm{p}^2} \frac{C_D Re}{24} \tag{6-5-18}$$

式中：μ——流体的黏度；

$\quad d_\mathrm{p}$——颗粒直径。

Re 为相对雷诺数,可表示为

$$Re = \frac{\rho d_{\mathrm{p}} |u_{\mathrm{p}} - u|}{\mu} \qquad (6\text{-}5\text{-}19)$$

4）湍流模型

巷道中流体的流动是复杂的湍流流动，为求解流动过程中的湍流黏度，形成封闭的计算方程组，需引入湍流模型进行求解。

雷诺平均方程（RANS）方法将非稳态的 N-S 方程对时间作平均，得到关于时间平均的控制方程，RANS 方法不仅能保证计算精度，还能减小计算量，在实际应用中取得了很好的效果。因此本书采用 RANS 方法进行数值计算，采用标准 k-ε 湍流模型构建封闭方程组。

湍流动能 k 和湍流耗散率 ε 则通过求解微分方程得到。湍流动能 k 的微分方程为

$$\frac{\partial(\rho k)}{\partial t} + \frac{\partial(\rho k u_i)}{\partial x_i} = \frac{\partial}{\partial x_i}\left[\left(\mu + \frac{\mu_t}{\sigma_k}\right)\frac{\partial k}{\partial x_i}\right] + \mu_t \frac{\partial u_j}{\partial x_i}\left(\frac{\partial u_j}{\partial r_i} + \frac{\partial u_i}{\partial x_j}\right) - \rho\varepsilon$$

$$(6\text{-}5\text{-}20)$$

湍流耗散率 ε 的微分方程为

$$\frac{\partial(\rho\varepsilon)}{\partial t} + \frac{\partial(\rho\varepsilon u_i)}{\partial x_i} = \frac{\partial}{\partial x_i}\left[\left(\mu + \frac{\mu_t}{\sigma_\varepsilon}\right)\frac{\partial\varepsilon}{\partial x_i}\right] + C_{1\varepsilon}\frac{\varepsilon}{k}\mu_t \frac{\partial u_j}{\partial x_i}\left(\frac{\partial u_j}{\partial x_i} + \frac{\partial u_i}{\partial x_j}\right) - C_{2\varepsilon}\rho\frac{\varepsilon^2}{k}$$

$$(6\text{-}5\text{-}21)$$

式中：σ_k、σ_ε、$C_{1\varepsilon}$、$C_{2\varepsilon}$——常数，通常取 $\sigma_k = 1.00$、$\sigma_\varepsilon = 1.30$、$C_{1\varepsilon} = 1.44$、$C_{2\varepsilon} = 1.92$；

μ——流体的动力黏度；

μ_t——湍流黏度。

2. 耦合数值模型构建

构建巷道仿真数值模型，其构建流程如图 6-5-1 所示。

通过三维建模软件构建掘进系统三维物理模型，选取截割头、机身、风筒等对流场存在显著影响的主要结构特征进行物理模型简化。采用高精度贴体网格技术对简化后的物理模型进行网格划分，得到能够有效实现巷道内流场特征捕捉的多面体贴体网格（见图 6-5-2）。基于构建的网格模型，采用欧拉-拉格朗日耦合的算法进行瓦斯与粉尘耦合扩散研究，其中粉尘相通过离散相模型模拟，瓦斯通过组分方程进行计算。采用 Modified HRIC 高精度算法进行多相流轨迹捕捉，借助湍流模型进行湍流流动模拟。

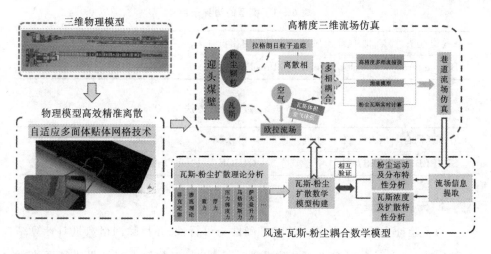

图 6-5-1 模型构建流程

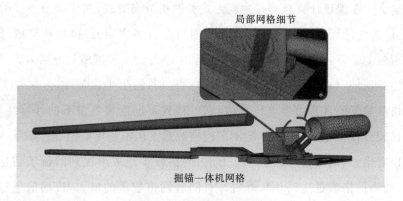

图 6-5-2 多面体贴体网格

计算域为长 56 m、宽 12 m、高 4.6 m 的拟巷道形态模型,其中掘进机尺寸与实际设备尺寸一致。该模型的边界条件包括巷道迎头、压风筒出风口、巷道出口、巷道壁面和设备表面等,根据掘进工作面现场实际生产情况,设置压风筒出风口为速度入口;由于巷道出口距离迎头较远,风流速度平稳,因此设置其为压力出口;迎头在掘进时产生瓦斯和粉尘,因此在模型中该处设置为瓦斯产生源和粉尘产生源;巷道壁面和设备表面对风流具有一定阻挡作用,且不与瓦斯和粉尘发生理化反应,因此设置其为无滑移固体壁面,使用标准壁面函数;假设气体为理想气体,且温度和湿度是恒定的。模型的边界条件与数值计算方法分别如表 6-5-1 和表 6-5-2 所示。

表 6-5-1　模型的边界条件

巷道迎头	压风筒出风口	巷道出口	巷道壁面	设备表面
Source term	Velocity inlet	Pressure outlet	Wall;反弹	Wall;反弹

表 6-5-2　数值计算方法

压力速度耦合	压力离散	动量方程	体积分数	时间项	梯度
SIMPLE	PRESTO!	中心差分	QUICK	First-Order Implicit	最小二乘法

3. 无关性验证

为了验证上述数值计算方法的准确性与可行性,并排除网格数量对计算结果的影响,建立了多种不同网格数量的计算模型,对数值模拟结果进行网格无关性验证。在保证计算域网格生成方式和网格分布方式、网格类型不变的前提下,通过改变计算域网格节点的数量对网格进行多次划分,得到计算域网格数量分别为 500 万、350 万、300 万、200 万和 150 万的 5 种网格划分结果。采用相同的边界条件、数值计算方法,以及相同的瓦斯、粉尘生成条件,分别对 5 种不同网格数量下的计算模型进行数值计算,得到不同网格数量下的计算结果,并进行比较分析。图 6-5-3 所示为不同网格数量下风流速度数值计算结果。从图中可以看出,当网格数量低于 300 万时,网格较少造成捕捉到的流场信息波动较大,而当网格数量达到 300 万后并且随着网格数量的增大,流场信息趋于平稳不再发生变化,综合考虑计算精度与效率,本次数值模拟采用 300 万网格数量的计算模型。

6.5.3　数值计算过程的参数设置

(1)粉尘设置。

粉尘设置如图 6-5-4 所示。接触面设置为"inlet-gas-dust",材料设置为"ash-solid",x 方向速度设置为 0.5 m/s,开始时间设置为 0 s,结束时间设置为 400 s,固体质量流率设置为 0.0002 kg/s,其他保持默认设置。

(2)离散相设置。

对颗粒进行追踪,最大追踪 30000 步,其他保持默认设置。

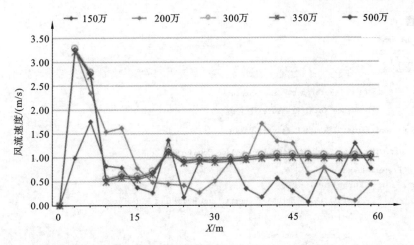

图 6-5-3　不同网格数量下风流速度数值计算结果(X表示距离掘进工作面的长度)

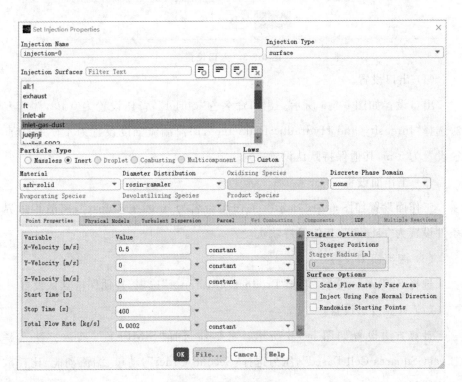

图 6-5-4　粉尘设置

（3）入口设置。

入口设置如图 6-5-5 所示。入口命名为"inlet-air"，入口压力设置为 255 Pa，湍流强度设置为 4%，水力直径设置为 1 m，其他保持默认设置。

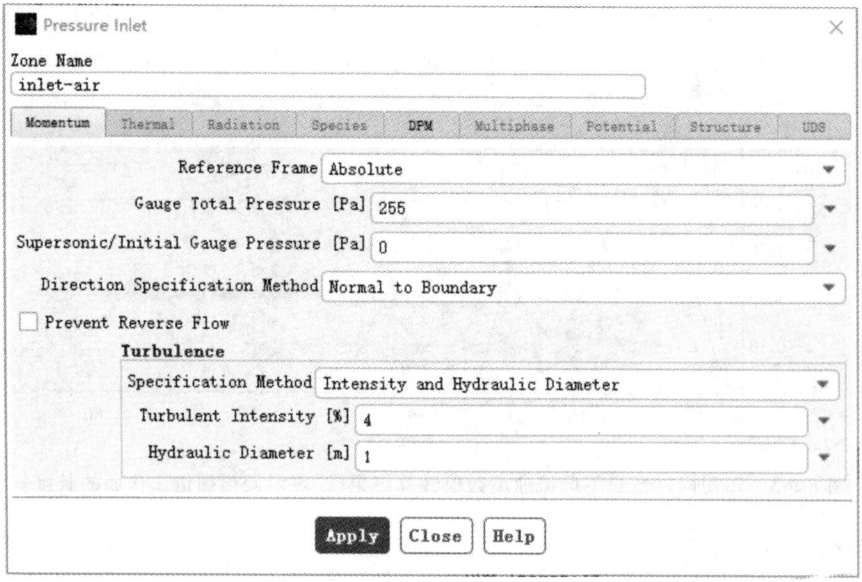

图 6-5-5　入口设置

（4）出口设置。

出口设置如图 6-5-6 所示。出口命名为"outlet"，背压设置为 0 Pa，湍流方法选择"Intensity and Hydraulic Diameter"，回流湍流强度设置为 4％，水力直径设置为 5 m，其他保持默认设置。

（5）工作面设置。

工作面设置如图 6-5-7 所示。工作面命名为"inlet-gas-dust"，离散相边界条件设置为"escape"，其他保持默认设置。

（6）湍流模型设置。

选择 SST $k\text{-}\omega$ 模型，勾选"Production Limiter"选项，其他保持默认设置。

（7）计算方法设置。

计算方法设置如图 6-5-8 所示。求解器选择"SIMPLE"，离散方法选择"Least Squares Cell Based"，压力选择"Second Order"，动量、湍流动能、比耗散率均选择"Second Order Upwind"，瞬态公式选择"First Order Implicit"，其他保持默认设置。

时间步长设置为 0.05 s，步数设置为 5000，最大迭代次数设置为 20，其他保持默认设置。

194

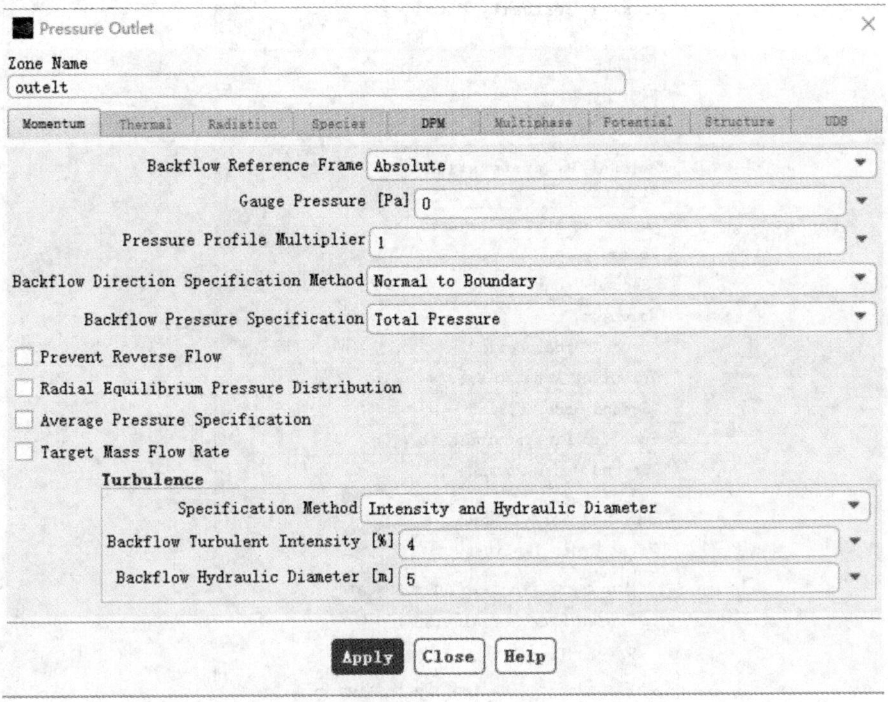

Pressure Outlet ×

Zone Name
outelt

| Momentum | Thermal | Radiation | Species | DPM | Multiphase | Potential | Structure | UDS |

Backflow Reference Frame `Absolute` ▼

Gauge Pressure [Pa] `0` ▼

Pressure Profile Multiplier `1` ▼

Backflow Direction Specification Method `Normal to Boundary` ▼

Backflow Pressure Specification `Total Pressure` ▼

☐ Prevent Reverse Flow
☐ Radial Equilibrium Pressure Distribution
☐ Average Pressure Specification
☐ Target Mass Flow Rate

Turbulence

Specification Method `Intensity and Hydraulic Diameter` ▼

Backflow Turbulent Intensity [%] `4` ▼

Backflow Hydraulic Diameter [m] `5` ▼

Apply **Close** **Help**

图 6-5-6 出口设置

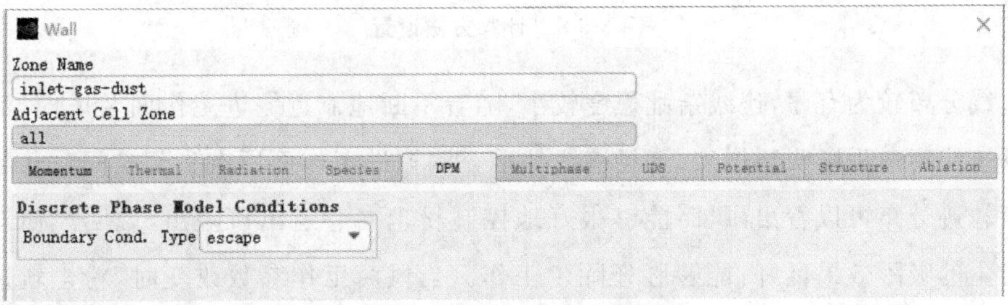

Wall ×

Zone Name
inlet-gas-dust

Adjacent Cell Zone
all

| Momentum | Thermal | Radiation | Species | DPM | Multiphase | UDS | Potential | Structure | Ablation |

Discrete Phase Model Conditions

Boundary Cond. Type `escape` ▼

图 6-5-7 工作面设置

6.5.4 结果讨论与分析

1. 粉尘轨迹

粉尘轨迹仿真结果如图 6-5-9 所示。由图可知,颗粒轨迹分布于整个巷道,然而各区域颗粒轨迹迹线分布特性存在明显区别:远离掘进工作面的区域颗粒

195

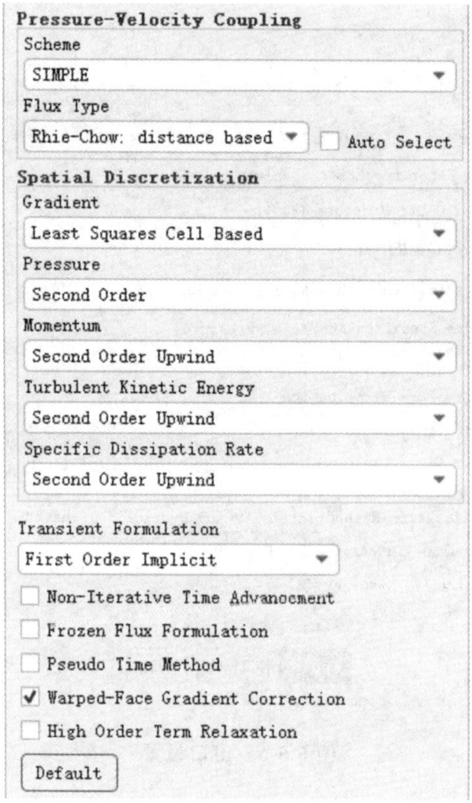

图 6-5-8　计算方法设置

迹线分布较为有序,迹线杂乱程度较小,随着不断地靠近掘进工作面及风筒,流场迹线离散程度明显增加,流场迹线几乎充满掘进工作面所有头部空间。从粉尘轨迹分布可以看出,风筒能够很好地控制粉尘向巷道出口溢出,说明风筒对粉尘的吸附效果良好,能够胜任除尘工作。当风筒工作参数改变时,粉尘轨迹分布将随之改变。

2. 粉尘速度

粉尘速度仿真结果如图 6-5-10 所示。由图可知,粉尘集中分布于巷道靠近掘进工作面的区域,而出口区域粉尘速度逐渐降低并接近于 0。随着巷道深度的增加,粉尘速度逐渐增加,掘进工作面区域粉尘速度明显升高,风筒位置的粉尘速度最大达到 10 m/s,从粉尘速度分布可以看出,风筒能够很好地控制粉尘向巷道出口溢出,这说明风筒吸尘效果良好,能够胜任除尘工作。粉尘受到风

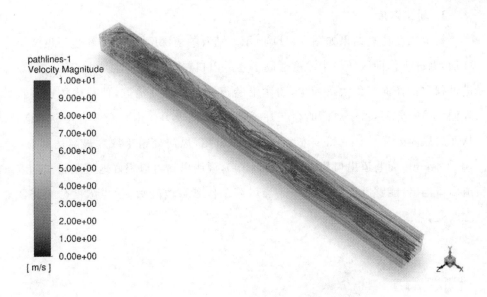

图 6-5-9　粉尘轨迹仿真结果

筒吸力的影响,从巷道各处移至风筒入口,并在风筒内完成加速,因此该处粉尘速度最高。当风筒工作参数改变后,粉尘速度将随之改变。

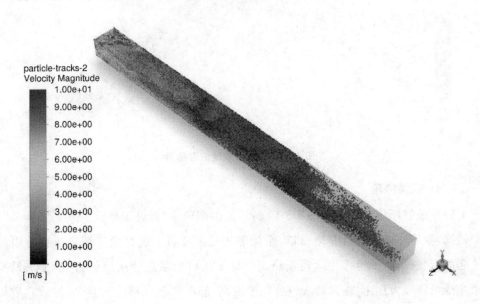

图 6-5-10　粉尘速度仿真结果

3. 粉尘浓度

粉尘浓度仿真结果如图 6-5-11 所示。随着巷道深度的增加,粉尘浓度逐渐增加,掘进工作面区域粉尘浓度远高于巷道出口粉尘浓度。这是由于掘进机掘进过程中工作面产生大量粉尘,粉尘沿巷道向出口逐渐消散,使粉尘浓度缓慢降低。另一方面,由于风筒的存在,一部分粉尘受吸力作用改变原有运动方向,从而向风筒处靠近。从粉尘浓度分布可以看出,风筒处粉尘浓度最高达到 6×10^{-6} kg/m^3,而巷道出口粉尘浓度接近于 0,说明风筒可以很好地控制粉尘向巷道出口溢出,能够胜任除尘工作。当风筒工作参数改变后,粉尘浓度分布将随之改变。

图 6-5-11　粉尘浓度仿真结果

4. 系统静压

系统静压仿真结果如图 6-5-12 所示。由图可知,掘进工作面区域系统静压最高,随着不断地接近巷道出口,系统静压逐渐降低。这是由于掘进机掘进引起的流场扰动,使得粉尘运动不稳定。风筒入口处系统静压最低,这是由于粉尘受风筒吸力加速,在风筒入口处速度最高,静压最低。整体而言,风筒对巷道内静压分布影响较小。

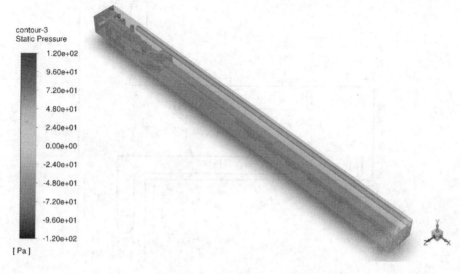

图 6-5-12　系统静压仿真结果

6.6　掘进工作面智能通风系统研究

6.6.1　掘进巷道局部通风概况

矿井生产过程中采煤工作面的需风量动态变化,多以富余量来保障安全生产和稳定通风。随着矿井无盲区监测与高效采掘系统配备,异常预警后的人工调节已无法满足安全需求,通风系统供需匹配的动态研判与联动调控是煤矿通风智能化的发展趋势。

矿井通风系统智能化调控牵涉动力装置、设施和网络结构,涉及风机工频、转速、叶片角度、负压、风量、阻力、调节面积、风网特性等诸多元素。当关键分支风量供需偏差较大时,调控方法得当能够避免供需失衡导致的灾害。因此,需要建立多元特征融合的矿井通风供需匹配度的量纲与模型,以及动态分析供需匹配度的偏离函数,用以指导需风量变化的动态调控。

在掘进巷道内,局部通风机及传感器布置如图 6-6-1 所示。局部通风机及其控制装置安装在进风巷道中,瓦斯传感器 $T_1 \sim T_3$ 分别设置在掘进工作面、回风流、回风巷处,风量传感器 F 设置在巷道中 10 m 内没有分支分流、拐弯和障碍且

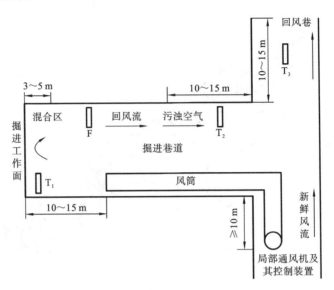

图 6-6-1　局部通风机及传感器布置

断面无变化的位置。根据《煤矿安全规程》第一百七十二条至一百七十六条规定，当掘进工作面处瓦斯传感器 T_1 监测到瓦斯体积分数大于或等于 1.0% 时必须停止工作，撤出人员，并采取相应措施，当瓦斯体积分数大于或等于 1.5% 时应进行瓦斯电闭锁，当瓦斯体积分数大于或等于 3% 时应停止通风机运转；第一百三十六条规定，采煤工作面和掘进中的煤巷内的允许风速为 0.25～4 m/s；第一百三十八条规定，井下供风标准为人均 4 m³/min。

局部通风机采用变频控制时的风压-风量（H-Q）特性曲线（见图 6-6-2），n_1、n_2 为通风机不同转速，R_1、R_2 为不同风阻，H_1～H_3 和 Q_1～Q_3 分别为 3 个工况点的风压和风量。在局部通风机实际工作过程中，通过降低转速，可减小风量与风压，从而减小输出功率，实现变频节能。在实际工作过程中，局部通风机供风量 Q_f 与风压 H、功率 P 和转速 n 之间有以下关系：局部通风机供风量 Q_f 与转速 n 成正比，风压 H 与转速 n 的平方成正比，功率 P 与转速 n 的立方成正比，风量 Q 与频率 f 成正比。

6.6.2　掘进巷道通风控制方法

1. 手动控制法

在手动控制模式下，控制员根据当前掘进工作面的粉尘浓度、瓦斯浓度等

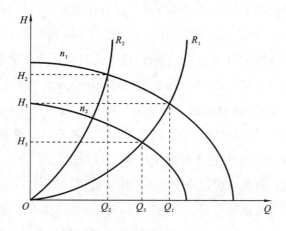

图 6-6-2　通风机 *H-Q* 特性曲线

环境状况指标来决定局部通风机的开启程度。手动控制法在目前的巷道局部通风系统中不作为主要控制方法,仅作为自动控制模式的一个补充,即当自动控制模式失效时采用手动控制法。

2. 后馈控制法

后馈控制法又称反馈控制法,通过分布在隧道内的粉尘浓度传感器和瓦斯浓度传感器,直接检测掘进过程中排放的粉尘浓度和瓦斯浓度,将巷道内当前的污染物浓度值(粉尘浓度值和瓦斯浓度值)与控制目标值进行比较,以不超过目标值为原则,对局部通风机的运转及风量进行控制。局部通风机控制风量的改变反过来又影响到污染物浓度值,然后进行下次控制。基于粉尘、瓦斯浓度信息的后馈控制法是一种闭环控制方法。

3. 前馈控制法

前馈控制法根据掘进装备开挖情况,利用粉尘浓度传感器和瓦斯浓度传感器,实时了解巷道环境信息并对将来时段的巷道环境情况进行预测,分析环境参数特征,计算出将来一段时间内的粉尘和瓦斯浓度水平作为前馈信号,结合粉尘浓度传感器、瓦斯浓度传感器所测出来的污染物浓度值后馈信号,对局部通风机运转情况、需风量等进行控制。与后馈控制法相比,前馈控制法可从一定程度上解决后馈控制法中存在的时滞性问题,并减少电力消耗。

4. 智能控制法

智能控制法是对一类控制方法的统称,属于神经网络控制、模糊控制、专家系统控制及由它们衍生的组合控制方法。这类控制方法因具有一定的人工智能特性而被称为智能控制法。掘进巷道通风控制系统具有很强的非线性特征，如果采用传统的线性控制理论，为了获得便于控制设计的数学模型，势必在模型简化的过程中引入很大的误差，而智能控制法能够很好地克服这些缺点。从通风控制的核心来看，前馈控制法与后馈控制法的区别在于控制输入信号不同，而智能控制法与传统控制法的区别在于运算方法不同。智能控制法可以应用于后馈控制中，也可以应用于前馈控制中。

前馈式智能控制法是将智能控制法应用于前馈控制中，可以弥补前馈控制法的一些缺点。它将前馈信号、后馈信号共同输入控制器，采用智能控制理论进行推演，对多种模拟通风方案进行评价，最后用智能控制器演算出最优方案。与前馈控制法相比，前馈式智能控制法可进一步节省电力，并获得更加稳定的通风效果。

6.6.3 掘进工作面智能模糊通风控制系统构成

1. 监测设备配置

1）粉尘浓度传感器

GCG1000Z 矿用粉尘浓度传感器是利用激光散射原理开发的一种能够监测煤矿井下粉尘浓度的传感器，该传感器能够长时间连续实时检测井下粉尘浓度并同时输出与矿用监控系统相适应的信号。传感器执行煤炭行业标准《煤矿用粉尘浓度传感器》(MT/T 1102—2009)，防爆形式为矿用本质安全型。

使用环境条件如下。环境温度：(0～+40)℃；相对湿度：≤95%(+25 ℃)；大气压力：80～110 kPa；无显著振动和冲击的场合；煤矿井下有爆炸性气体混合物，但无破坏绝缘的腐蚀性气体的 I 类场合。

主要特点如下：采用激光散射原理对煤矿井下粉尘浓度进行快速、准确测量；采用独特的光学镜头清洁系统、保证在全量程范围内的准确测量；采用红外遥控调校传感器各参数，实现不开盖调节使调校更加简单。

粉尘浓度传感器由供电电源、激光头、光电二极管、光学清扫系统、空气过滤系统、A/D 变换器、遥控器及红外接收头、单片机处理器等部分组成。其工作原理如图 6-6-3 所示。

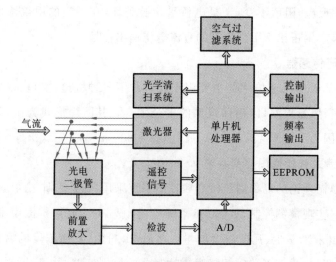

图 6-6-3　粉尘浓度传感器工作原理

当空气中的粉尘颗粒经过传感器时，被粉尘散射的激光散射到光电二极管上，光电二极管将粉尘浓度的微弱光信号变成微弱电信号，再将电信号进行放大、检波变成模拟直流信号，直流信号经 A/D 转换后变成数字信号，由单片机处理器进行处理后显示粉尘浓度，同时输出与粉尘浓度相对应的频率信号，并且根据粉尘浓度输出断电信号。

2）瓦斯浓度传感器

GJC4 煤矿用甲烷传感器是一种用于检测煤矿井下空气中甲烷含量的智能型检测仪表，调零、非线性补偿等功能均可通过遥控器来实现，具有精度高、稳定可靠、使用方便等优点。

该传感器由供电电源、传感头及监测电桥、放大器、A/D 变换器、遥控器及红外接收头、单片机处理器、显示电路、频率（或电流）信号输出及断电输出电路等部分组成。

传感头由气室、黑元件和白元件等组成，黑元件是一种对甲烷气体很敏感的载体催化元件，而白元件是补偿元件，对甲烷不起反应。黑、白元件作为检测电桥的两臂，另两臂由电阻组成。将黑、白元件置于同一气室中，施加工作电压。无甲烷时，电桥处于平衡状态，输出约为零，当甲烷气体进入气室，接触到黑元件表面时，就在其表面进行无焰燃烧，黑元件的温度升高，阻值变大，而白

203

元件不发生反应,阻值不变,于是电桥平衡被破坏,在一定的甲烷浓度范围内,传感头能够产生正比于甲烷浓度的直流电压输出信号。

3）风速传感器

GFW15 矿用风速传感器主要用于煤矿井下各种坑道、风口、扇风机、井口等处的风速、风量检测,以确保煤矿的安全生产。其防爆形式为矿用本质安全型,测量范围为风速 0.4~15 m/s、风量 0.0~600 m³/s。

2. 前馈式智能模糊控制系统

基于模糊理论的局部通风机变频控制系统采用风速-瓦斯-粉尘耦合的智能模糊控制器实现模糊控制,如图 6-6-4 所示。首先,粉尘瓦斯扩散模型根据检测数据计算出未来粉尘、瓦斯浓度增量。然后,由粉尘、瓦斯浓度的后馈量、预测增量和控制目标量三者确定智能模糊控制器的控制偏差,并经过智能模糊控制器实现模糊推理后获得局部通风机频率变化量。最后,结合局部通风机当前运行状况更新粉尘和瓦斯信息动态,完成一个工作循环。

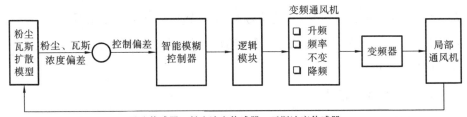

图 6-6-4　局部通风机变频控制系统原理

通过煤矿巷道内布置的瓦斯浓度传感器、风速传感器等进行信号采集,将掘进工作面瓦斯浓度作为主要被控制量。传感器输出信号经频率/电压转换后输入模糊控制器,通过模糊控制算法进行信息处理。模糊控制器输出的数字信号经数模转换和电压/电流转换后,驱动变频器对通风机供风量进行调整。通过放大器 MCP2551 和 CAN 模块实现远距离通信。液晶显示触摸屏能够就地显示巷道内各个位置瓦斯浓度和风速的变化情况,同时通过无纸记录仪对数据进行记录。

为实现上述对流场信息的超前预测及对通风系统的协同控制,在流场模拟的基础上,对模拟数据进行训练,通过本征正交分解(POD)及主成分分析(PCA)把多维随机过程进行低维近似描述并提取复杂随机过程的本质特征。分析提取数值计算结果,通过拟合降阶处理获得作为机器学习输入层的所需数据。借助循环神经网络算法,设计合理的隐藏层,将提取的数值数据作为输入数据,开展数值数据的机器学习。通过布置传感器等进行现场实测数据采集,将采集数据作为外加输入数据进行机器学习数据的验证与修正,并对神经网络进行改进,然后将试验数据与机器学习结果输入最终隐藏层进行协同计算,最终得到输出结果。通过神经网络训练建立降阶模型,求解降阶模型来提高运行速度,实现实时预测。传统神经网络与修正神经网络对比如图6-6-5所示。

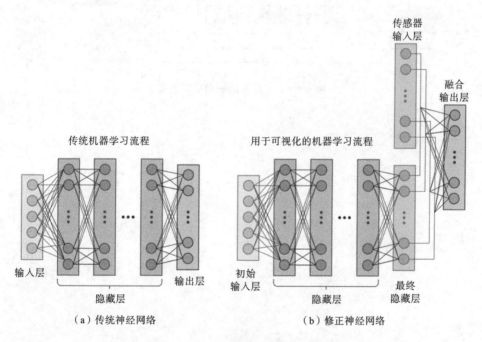

图 6-6-5　传统神经网络与修正神经网络对比

综上所述,基于训练得到的风速-瓦斯-粉尘扩散数学模型,进行瓦斯、粉尘浓度全场域实时计算,能够实现风速、风量等参数的协同优化,形成通风联动的智能控制方法,通风智能联动控制方案如图6-6-6所示。

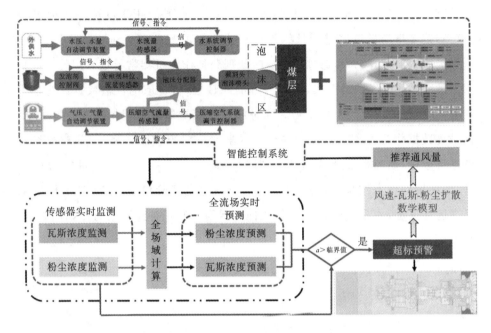

图 6-6-6　通风智能联动控制方案

第7章
结论与展望

7.1 结论

(1)针对乌海地区井工矿井的复杂地质环境和灾害严重问题,本项目研发了一种掘支锚运作业平台、桥式转载系统、迈步式自移机尾以及动力单元的多机协同控制的一体机作业平台,实现了井下快速掘进的掘、支、锚、运、探一体化和智能化。

(2)针对煤矿井下锚杆自动钻进、加杆、换杆、出渣和锚网自动延展、撑紧等问题对锚钻系统进行了研究。锚钻系统以位姿精确导航为基准,融合关节部位传感器的实时位置信息,自动计算当前锚杆机位置,实现锚孔自动定位,具有锚固质量监测功能,可在施工过程中使用定位信息自动推算出锚杆位置,并实时记录锚杆位置、深度、角度、预紧力,实现了锚钻质量的综合管控。

(3)本项目研制了自动铺网装置,顶锚网和帮锚网的铺设由自动铺网装置完成。本项目针对破碎顶板的特殊条件,将顶网铺设装置与临时支护装置相结合,减小了空顶距离并实现高效自动铺网,利用自动锚钻机完成快速自动支护,替代人工操作并对破碎顶板进行快速有效支撑。

(4)智能定位系统采用惯性导航、机载里程计、激光测量、超宽带测距等多传感器融合技术,具备强抗干扰能力,可以在高粉尘、低能见度的工况下,通过基于卡尔曼滤波的多源信息精确融合与干扰剔除算法,依靠自身传感器保障实时定位系统可靠运行,保证成套装备的单班连续工作。组合导航系统具备掘支锚运探一体机对于应用巷道的实时精准定位功能,定位精度小于或等于 $5\ \mathrm{cm}$,水平姿态角误差为 $0.02°$,偏航角误差为 $0.1°$。惯性导航系统具备自标定、自检测、自对准功能,用以保持导航测量精度,无须拆机标定。本项目开发了一套截割负载预测模型算法程序,截割系统实时监控截割电流、振动/音频反馈信号,通过 PID 控制自动匹配最佳的截割参数(进刀量、进刀速度、截割转速等),实现精确高效的巷道断面自动成形截割控制,巷道断面自动成形控制精度小于或等于 10 cm。

(5)本项目开展了基于流场控制、参数反馈和工艺控制的掘进工作面粉尘、瓦斯治理研究,建立工作面粉尘、瓦斯浓度数学本构模型,进行风速、瓦斯浓度和粉尘浓度三维分布状态模拟,分析不同通风参数下瓦斯浓度和粉尘浓度的分布规律,建立不同风速、不同位置下的工作面粉尘、瓦斯浓度相应的数学模型。本项目研发了一套掘进工作面环境监测治理系统,该系统具备对掘进工作面环境(粉尘、瓦斯)的实时监测功能,可实现数据上传、超限报警。通过分析不同工况下的工作面风流运动特性建立三维模型,从而显示工作面粉尘和瓦斯的分布与运动情况。

(6)本项目将微震传感器应用于超前物探系统来指导开采工作,有效提高开采效率,利用静态地质数据构建基础地质信息模型,基于实时地质数据驱动模型动态更新,实现矿井地质信息的时空透明化,可在井下集控、地面集控、平台侧进行实时访问,物探系统将地质构造风险实时传输至设备端进行预警并指导掘进作业,设备控制系统将探测结果数据上传至超前探测地质系统,辅助优化地质建模效果。

7.2 展望

本项目针对乌海地区井工矿井的复杂地质环境和灾害严重问题,设计研制了掘支锚运探一体式智能快掘成套装备,实现了掘进工作面掘支锚运探全过程智能远程可视化集中控制和多循环连续智能化作业;突破了掘支锚运作业平台、桥式转载系统、迈步式自移机尾以及动力单元多机协同控制的技术瓶颈。本项目产品在具有掘、支、锚、运、探功能的智能化掘进成套装备领域具有显著技术优势。

掘进工作面锚钻系统具备快速自主定位、连续作业能力。锚护系统以位姿精确导航为基准,融合关节部位传感器的实时位置信息。对锚护系统进行运动学建模,将支护位置解算为锚杆机各关节目标值,自动控制锚杆机对准目标锚护位置,最终实现了锚孔自动定位功能。

本项目设计了新型锚杆的支护工艺,通过自动铺网装置、自动钻锚装置和树脂锚固剂内置的中空锚杆替代传统人工工艺流程,实现挂网、锚杆施工的全部工序的连续智能化作业。

本项目研发了一套基于惯性导航、机载里程计、激光测量、超宽带测距等多传感融合技术的定位系统。掘进过程中可根据各传感器实时数据综合计算得出机头、机尾相对巷道设计轴线的偏差及机身姿态。基于多源信息融合的截割负载状态智能预测模型自动决策最优截割参数,实现截割过程的全自主和最优化控制。

本项目研究了基于多相耦合构建风速-瓦斯-粉尘扩散模型,可兼容管理井下通风设施,具备与整机智能联动功能,对掘进工作面的降尘效率大于或等于80%,相较于传统水雾降尘方法,降尘效率提高了3倍。

乌海能源有限责任公司"掘、支、锚、运、探一体式智能化掘进工作面关键技术及成套装备研发"项目被确定为国家矿山安全监察局矿山安全生产科研攻关第一批煤矿项目。该项目是乌海能源有限责任公司承担研发的国家能源集团科技项目,采用模块化设计,构建智能协同掘进装备群;研制了动力运输车、自定位锚臂等装备,开发出集多循环自主截割、连续自动锚护、自动铺网、环境多元探测、集群设备协同控制的智能化掘进系统;预期实现大断面煤巷"3 m 循环"无人作业、单班进尺 24 m,掘、支、锚、运、探可视化远程集中控制的智能掘进;解决自动截割不连续、锚护人工作业、掘进设备不协同等问题,达到减少作业人员、提高生产效率、降低安全风险的目标。本项目的实施,对补齐掘进智能化短板,推动煤炭行业高质量发展具有重要意义。

参考文献

[1] 石增武,许兴亮,雷亚军,等. 智能快掘工法[M]. 徐州:中国矿业大学出版社,2021.

[2] 马有营. 矿用泡沫除尘剂研究[M]. 北京:冶金工业出版社,2017.

[3] 闫振东. 新型机械化采掘装备及工艺创新与实践[M]. 北京:煤炭工业出版社,2013.

[4] 程卫民. 矿井粉尘防治理论与技术[M]. 北京:煤炭工业出版社,2016.

[5] 张强,王海舰. 煤岩界面动态感知技术及识别方法[M]. 北京:科学出版社,2023.

[6] 魏景生,吴淼. 中国现代煤矿掘进机[M]. 北京:煤炭工业出版社,2015.

[7] 崔建军. 高瓦斯复杂地质条件煤矿智能化开采[M]. 徐州:中国矿业大学出版社,2018.

[8] 康红普,王金华,等. 煤巷锚杆支护理论与成套技术[M]. 北京:煤炭工业出版社,2007.

[9] 王国法,刘峰. 中国煤矿智能化发展报告(2022年)[M]. 北京:应急管理出版社,2022.

[10] 张强,张晓宇. 采煤机滚筒截割性能数值模拟[J]. 辽宁工程技术大学学报(自然科学版),2021,40(4):367-377.

[11] 张强,张晓宇. 不同卸荷工况下采煤机滚筒截割性能研究[J]. 河南理工大学学报(自然科学版),2022,41(1):91-99,158.

[12] 肖正航. 地下掘进装备实时融合定位推算方法研究[J]. 煤矿机械,2023,44(4):68-71.

[13] 王海舰,刘丽丽,卢士林,等. 多参数耦合优化煤岩界面主动红外感知识别

［J］.振动.测试与诊断,2022,42(2):308-314,408-409.

[14] 张敏骏.悬臂式掘进机自主纠偏与位姿控制研究［D］.北京:中国矿业大学,2019.

[15] 张强,刘伟,张润鑫,等.分离式螺旋钻具截割与输送协同优化研究［J］.煤炭科学技术,2023,51(11):179-189.

[16] 卢平,王振平,肖峻峰.高瓦斯煤层综掘工作面瓦斯涌出特征及影响因素分析［J］.辽宁工程技术大学学报(自然科学版),2012,31(5):590-594.

[17] 侯昆洲.基于深度迁移学习的 TBM 纠偏调向控制研究［J］.现代隧道技术,2022,59(4):81-89.

[18] 金铃子,曹越操,亓玉浩,等.基于声发射与 D-S 证据理论的截齿磨损状态识别［J］.煤炭科学技术,2020,48(5):120-128.

[19] 张强,李春志,吕馥言,等.基于锁相放大技术的矿用聚焦双频激电仪激电信号检测［J］.煤炭学报,2021,46(S2):1191-1200.

[20] 张强,张佳瑶,吕馥言.基于维纳过程截齿磨损退化预测研究［J］.振动与冲击,2023,42(1):207-214.

[21] 张强,孙绍安,张坤,等.基于主动红外激励的煤岩界面识别［J］.煤炭学报,2020,45(9):3363-3370.

[22] 张强,张晓宇,吴泽光,等.基于 EDEM 的边帮采煤机螺旋输送性能研究［J］.煤炭科学技术,2020,48(2):151-157.

[23] 张强,张赫哲,田莹,等.截齿辅助冲击作用下坚硬煤体的破碎特性［J］.煤炭学报,2022,47(2):1002-1016.

[24] 张强,张润鑫,王禹.掘进机截割卸压岩体时截齿力学特性研究［J］.煤炭科学技术,2020,48(11):34-43.

[25] 傅祖范.掘锚机滚筒伸缩油缸故障分析及计算［J］.建设机械技术与管理,2023,36(2):55-57.

[26] 王海舰,黄梦蝶,高兴宇,等.考虑截齿损耗的多传感信息融合煤岩界面感知识别［J］.煤炭学报,2021,46(6):1995-2008.

[27] 李军胜,陈清华,王飞,等.临时支护装置油缸力臂的计算及验证方法研究［J］.煤矿机械,2021,42(8):74-77.

211

[28] 张强,张润鑫,刘峻铭,等.煤矿智能化开采煤岩识别技术综述[J].煤炭科学技术,2022,50(2):1-26.

[29] 王国法,任世华,庞义辉,等.煤炭工业"十三五"发展成效与"双碳"目标实施路径[J].煤炭科学技术,2021,49(9):1-8.

[30] 王海舰.煤岩界面多信息融合识别理论与实验研究[D].阜新:辽宁工程技术大学,2017.

[31] 张强,王聪,刘玉果,等.难采煤岩的高效破碎方法研究[J].煤炭科学技术,2021,49(2):163-176.

[32] 袁亮.我国煤炭主体能源安全高质量发展的理论技术思考[J].中国科学院院刊,2023,38(1):11-22.

[33] 王国法,刘合,王丹丹,等.新形势下我国能源高质量发展与能源安全[J].中国科学院院刊,2023,38(1):23-37.

[34] 刘津彤,倪亚军,彭亮,等.新型主动护顶临时支护装置设计应用[J].能源技术与管理,2021,46(3):17-18.

[35] 田盛时,冯青林,王维威.综合自动化掘进机临时支护装置与锚索预紧增压装置的研制[J].机械制造,2021,59(1):18-26.

[36] ZHANG K, MENG L Y, QI Y H, et al. An unsupervised intelligent method for cutting pick state recognition of coal mining shearer[J]. IEEE Access, 2020, 8: 196647-196656.

[37] LUAN H X, XU H, TANG W, et al. Coal and gangue classification in actual environment of mines based on deep learning[J]. Measurement, 2023, 211: 112651.

[38] ZHANG Q, GU J Y, LIU J M, et al. Gearbox fault diagnosis using data fusion based on self-organizing map neural network[J]. International Journal of Distributed Sensor Networks, 2020, 16(5).

[39] ZHANG Q, LIU J M, TIAN Y. Krawtchouk moments and support vector machines based coal and rock interface cutting thermal image recognition[J]. Optik, 2022, 260: 168807.

[40] GOVORUKHIN Y M, DOMRACHEV A N, KRIVOPALOV V G, et

al. Mathematical modeling of methane migration into the mine workings during the face downtime[J]. IOP Conference Series: Earth and Environmental Science, 2017, 84: 012041.

[41] ZHANG Q, GU J Y, LIU J M. Research on coal and rock type recognition based on mechanical vision[J]. Shock and Vibration, 2021, 2021: 1-10.

[42] YANG Y, ZHANG Y, ZENG Q L, et al. Simulation research on impact contact behavior between coal gangue particle and the hydraulic support: contact response differences induced by the difference in impacted location and impact material[J]. Materials, 2022, 15(11): 3890.

[43] ZHANG Q, LIU Y, BLUM R S, et al. Sparse representation based multi-sensor image fusion for multi-focus and multi-modality images: a review[J]. Information Fusion, 2018, 40: 57-75.

[44] MU M F, FENG L, ZHANG Q, et al. Study on abrasive particle impact modeling and cutting mechanism[J]. Energy Science & Engineering, 2022, 10(1): 96-119.

[45] ZHANG Q, LIU J M, GU J Y, et al. Study on coal-rock interface characteristics change law and recognition based on active thermal excitation [J]. European Journal of Remote Sensing, 2022, 55: 35-45.